D1854867

Selbstmanagement

Dr. Klaus Bischof
Anita Bischof
Horst Müller

HAUFE.

Inhalt

Teil 1: Praxiswissen Selbstmanagement

Teil 2: Training Selbstmanagement

Vorwort

Selbstmanagement ist eine Schlüsselkompetenz, die nur wenige beherrschen. Eigentlich kein Wunder, denn weder Schulen noch Universitäten vermitteln, wie wir unsere beruflichen Ziele finden und zielstrebig verfolgen, unsere Arbeit perfekt organisieren, Zeit richtig nutzen, mit anderen effektiv zusammenarbeiten oder unsere kommunikativen Fähigkeiten weiterentwickeln. Ob als Führungskraft oder Mitarbeiter – spätestens im betrieblichen Alltag merken wir, dass ein unkoordinierter Arbeitsstil viel Geld, Zeit und Nerven kostet.

Unser TaschenGuide hilft Ihnen, den Arbeitstag in den Griff zu bekommen und Ihre beruflichen Ziele zu erreichen: mit Checklisten zur kritischen Selbstanalyse und Standortbestimmung, vielen Tipps und überzeugenden, einfachen Lösungen für die Praxis. Lernen Sie sich selbst zu managen und Sie werden auf der Karriereleiter schnell vorankommen!

Anita Bischof und Dr. Klaus Bischof

Wo stehen Sie?

Wer bewusst Verantwortung für seine berufliche Laufbahn übernehmen will, muss zunächst einmal wissen, wo er überhaupt steht. Möglichkeiten und Chancen für das eigene Fortkommen auszuloten ist der erste Schritt auf dem Weg zum erfolgreichen Selbstmanagement.

In diesem Kapitel stellen wir Ihnen einige bewährte Instrumente vor, mit denen Sie sich über Ihren heutigen Standort einfach und schnell klar werden:

- Lust-Frust-Bilanz (S. 9),
- Leistungsbilanz (S. 10),
- Stärken-Schwächen-Analyse (S. 12),
- Kompetenzbeurteilung (S. 15).

Wie Sie Ihren Standort bestimmen

Mit den in diesem Kapitel beschriebenen Instrumenten können Sie sich über Ihren heutigen Standort einfach und schnell klar werden. Später, wenn wir uns auf die Suche nach Ihren Zielen begeben und diese schriftlich festhalten, werden diese Instrumente zur Standortbestimmung erneut wichtig.

Beispiel

Angenommen, Sie stellen bei der Stärken-Schwächen-Analyse fest, dass Ihnen Teamarbeit schwer fällt und Sie viel lieber für sich alleine arbeiten. Für die Zukunft wünschen Sie sich aber, in einer bestimmten Firma an der Entwicklung von Motoren mitzuarbeiten. Da Sie sicher sein können, dass ein Ingenieurteam an solchen Entwicklungen arbeitet, müssen Sie sich natürlich fragen, ob Sie dort überhaupt gut aufgehoben wären. Vielleicht haben Sie in Ihrer Kompetenzbeurteilung festgehalten, dass Sie dann besonders erfolgreich sind, wenn Sie Anderen Konzepte präsentieren und verkaufen. Dann fragt sich natürlich, ob Sie Ihre Talente nicht vergeuden, wenn Sie in Zukunft einen Job ohne Kundenkontakt suchen.

Halten Sie die Ergebnisse der nachfolgenden Analysen unbedingt schriftlich fest! Wer sich die Fragen nur durch den Kopf gehen lässt, riskiert schwammige, wenig konkrete Einschätzungen. Was nicht schwarz auf weiß auf dem Papier steht, ist nicht zu Ende gedacht, wird später oft vergessen oder im Nachhinein ganz anders interpretiert.

Ihre Lust-Frust-Bilanz

Zunächst geht es darum, dass Sie Ihre aktuelle berufliche Situation richtig einschätzen. Es geht hierbei nicht um Fakten, sondern um Ihre **Emotionen**, die Sie in der so genannten Lust-Frust-Bilanz schriftlich festhalten.

Sie werden sich darüber klar, was Ihnen bei der Arbeit Spaß macht und leicht fällt bzw. wo Sie mögliche Schwachpunkte haben und mit Frustration reagieren.

Die Bilanz dokumentiert Ihre jetzige Situation. Später können Sie leicht daran ablesen, ob und wie Sie sich weiterentwickelt haben.

Wie gehen Sie vor?

1. Stellen Sie eine Reihe von Faktoren zusammen, die Einfluss auf Ihre Arbeitszufriedenheit bzw -unzufriedenheit nehmen. Solche Faktoren könnten sein: Ihre verschiedenen Aufgabenfelder, die Zusammenarbeit mit Vorgesetzten bzw. Mitarbeitern, das Arbeitsklima, Ihr Verhältnis zu Kunden und Lieferanten etc.
2. Jetzt überlegen Sie für jeden Bereich, was Ihnen Freude bereitet und was Sie frustriert. Was Spaß macht, halten Sie auf der Lustseite, was Frust bereitet, auf der Frustseite schriftlich fest.

Die Lust-Frust-Bilanz verdeutlicht negative und positive Emotionen.

Lust	Frust

Beispiel: Die Lust-Frust-Bilanz eines Beraters

Lust	Frust
▪ Zusammenarbeit mit Menschen ▪ Kunden fordern ▪ unterschiedliche Aufgaben ▪ konzeptionelles Arbeiten	▪ echtes Feedback zu erhalten ist nicht immer möglich ▪ Hotelübernachtung

Falls es Ihnen nicht leicht fällt auf Anhieb zu sagen, wann Sie Spaß empfinden und wann Sie verärgert sind, denken Sie einmal scharf nach: Welche Aufgaben schieben Sie immer wieder auf die lange Bank, welche gehen Sie rasch an? Wann fühlen Sie sich bei der Arbeit gut, wann reagieren Sie gereizt? Welche Kollegen, Vorgesetzte und Kunden mögen Sie, wem gehen Sie aus dem Weg?

Was haben Sie bisher geleistet?

Wissen Sie eigentlich, was Sie beispielsweise im letzten Jahr geleistet haben? Ihre persönliche Leistungsbilanz gibt Ihnen eine Antwort darauf, auf welchen Gebieten Sie erfolgreich waren bzw. Misserfolge verzeichnen mussten. Sie hilft Ihnen

Ihre Leistungsfähigkeit zu erkennen, daran weiterzu arbeiten bzw. Ihren Kurs gegebenenfalls zu korrigieren.

Wie gehen Sie vor?

1 Wählen Sie einen bestimmten Zeitabschnitt, z. B. das letzte Jahr, und fragen Sie sich: Was habe ich mir damals vorgenommen, was konnte ich erreichen und wo habe ich meine Ziele verfehlt?

2 Tragen Sie auf der Erfolgsseite sowohl dokumentierte und vereinbarte erreichte Erfolge ein als auch „zufällige", ungeplante.

3 Notieren Sie auch Punkte, die Ihnen zu einem späteren Zeitpunkt einfallen. So ergibt sich eine vollständige und aktuelle Leistungsbilanz.

Die Leistungsbilanz verdeutlicht eigene wichtige Erfolge und Misserfolge

Erfolg	Misserfolg

Beispiel: Die Leistungsbilanz eines Beraters

Erfolg	Misserfolg
▪ Langjährige Kundenbeziehungen ▪ Ergebnisse aus Aufträgen werden umgesetzt ▪ Bekanntheitsgrad gesteigert ▪ Qualität der Produkte	▪ Kunden nutzen immer nur spezielle Stärken ▪ Präsentation schlecht vorbereitet

Die Stärken- und Schwächenanalyse

Anhand der Lust-Frust-Bilanz und der Leistungsbilanz haben Sie im Detail beschrieben, wo Sie heute stehen. Jetzt wenden Sie sich der Analyse Ihrer Stärken und Schwächen zu.

- Gerade in längeren Veränderungsprozessen ist es hilfreich, Fähigkeiten und Schwachpunkte zu erkennen und immer wieder zu benennen. So lassen sich Entwicklungen besser ablesen.
- Wer weiß, wo die eigenen Stärken liegen, setzt sie bewusster ein und gewinnt dadurch mehr Sicherheit. Wer sich seinen Schwächen stellt, lernt besser mit ihnen umzugehen oder sie sogar zu überwinden.

Wie gehen Sie vor?

1 Fragen Sie sich zunächst nach Ihren Stärken!

Was bedeutet Stärke für mich? Welche Stärken habe ich? Was kann ich besonders gut? Welche Chancen ergeben sich aus meinen Fähigkeiten? Gefährde ich die Stärken, wenn ich beispielsweise in einem anderen Umfeld arbeite? Werde ich dann genauso von den Kollegen angenommen?

2 Loten Sie anschließend Ihre Schwächen aus!

Was bedeutet Schwäche für mich? Bei welchen Aufgaben versage ich immer wieder? Halten bestimmte Schwächen verborgene Chancen bereit, die sich in einem anderen Arbeitsumfeld entfalten könnten? Spielen meine Schwächen in einem anderen Umfeld vielleicht kaum mehr eine Rolle?

Listen Sie Ihre Stärken bzw. Schwächen nach einzelnen Aufgabenfeldern geordnet auf. So erhalten Sie ein systematisches Profil Ihrer Selbsteinschätzung.

Die Stärkenanalyse zeigt Ihre besonderen Fähigkeiten auf.

Datum			
Aufgabe (Lebens- oder Berufsgebiet)	Stärken	Folgen/ Risiken	Offene Fragen/ Absichten?
1			
2			
3			

Die Schwächenanalyse verdeutlicht problematische Felder.

Datum			
Aufgabe (Lebens- oder Berufs-gebiet)	Schwächen	Folgen/ Risiken	Offene Fragen/ Absichten?
1			
2			
3			

Beispiel: Stärken- und Schwächenanalyse

Datum: 01.04.20XX			
Aufgabe (Lebens- oder Berufsgebiet)	**Stärken**	**Folgen/ Risiken**	**Offene Fragen/ Absichten?**
1 Konzeptionelle Aufgaben	Hohes analytisches Denk-vermögen	Probleme, Aufgaben sind übersichtlich und auf das Wesentliche beschränkt strukturiert und damit leicht verständlich.	
2 Projektleitung	Strukturie-rung	Übersichtlicher Projektplan mit klaren Zustän-digkeiten und Terminen	

Datum: 01.04.20XX			
Aufgabe (Lebens- oder Berufsgebiet)	**Schwächen**	**Folgen/ Risiken**	**Offene Fragen/ Absichten?**
1 technisch orientierte Aufgaben	geringe Experimentierfreude	findet wenig für sich selbst heraus, lange Lernphase	
2 Präsentation, Vortrag	großes Lampenfieber	kommt bei Zuhörern schlecht an	

Kompetenzen erkennen und bewerten

Es gibt eine Reihe von Kompetenzbereichen, die wir im nächsten Schritt unter die Lupe nehmen wollen. Dazu zählen Ihre Persönlichkeit, die Fähigkeit anderen Ideen oder Güter zu verkaufen, fachliches Können, soziale und Führungskompetenz. Um festzustellen, auf welchen Gebieten Sie über besondere Fertigkeiten verfügen und auf welchen Sie eher schwach sind, führen Sie eine Kompetenzbeurteilung durch.

- Sie erhalten ein klares Bild Ihrer Leistung.
- Sie erkennen, in welchen Kompetenzbereichen Sie bereits heute gut sind und wo es noch Defizite gibt.
- Sie lernen, sich auf einige klare Kompetenzbereiche zu konzentrieren.

Wie gehen Sie vor?

1 Beobachten und protokollieren Sie Ihr Verhalten!

Bereiten Sie sich vor, indem Sie Fakten sammeln! Bevor Sie mit der Analyse beginnen, beobachten Sie sich sorgfältig bei der Arbeit, z. B. bei Kundenbesuchen, in Ihrem Büro und bei Gesprächen mit Kollegen, Vorgesetzten und Mitarbeitern. Sie notieren, was Ihnen an Ihrem Verhalten auffällt. Nehmen Sie die nachfolgend aufgelisteten Verhaltenskategorien zu Hilfe, um sich die Arbeit zu erleichtern. Sie können im Übrigen auch eine Vertrauensperson bitten Sie in Augen schein zu nehmen. Das erweitert den Blickwinkel und objektiviert die Ergebnisse.

2 Beurteilen Sie Ihre Kompetenzen!

Nehmen Sie sich eine Stunde Zeit und lesen Sie Ihre Notizen. Die Verhaltensbeschreibungen und frühere Aufzeichnungen (z. B. die Stärken-Schwächenanalyse) können ebenfalls herangezogen werden. Fassen Sie Ihre Notizen in klaren Aussagen zusammen und halten Sie sie auf dem Formblatt in der rechten Spalte fest. In der mittleren Spalte können Sie Ihre Leistungen in den verschiedenen Kompetenzbereichen auf einer Skala selbst einschätzen. Sie können sich jedoch auch von Ihrem Vorgesetzten oder einem Dritten beurteilen lassen.

> Die Kompetenzbeurteilung eignet sich auch für Bewerbungsgespräche. Zunächst beurteilen Sie den Bewerber, anschließend lassen Sie den Bewerber den Test durchführen. Tauschen Sie die Ergebnisse aus und klären Sie etwaige Differenzen! Genauso können Sie auch schwierige Mitarbeiter beurteilen oder solche, die weiterentwickelt werden sollen.

Die Verhaltensliste hilft bei der detaillierten Beschreibung Ihrer Fähigkeiten:

Verhaltensweisen – Fähigkeiten analysieren

1 Verhaltensweisen, welche die Persönlichkeit kennzeichnen

- Flexibilität und Initiative
  - stellt sich schnell auf veränderte und neue Sachlagen ein
  - richtet die Arbeitsführung auf die neue Situation aus
  - reagiert schnell bei akuten Problemen und behält dabei die Übersicht
  - erkennt Aufgaben aus eigenem Antrieb und greift sie auf, ohne den Weg genau vorgezeichnet zu bekommen
- Auftreten
  - spricht frei und offen
  - schreibt klar und kurz
  - ist sicher im Auftreten
  - überzeugt das Publikum oder eine Diskussionsrunde
  - lässt Partner aussprechen
  - hört interessiert zu
  - respektiert die Meinung des anderen in Diskussionen

2 Soziales Verhalten

- Zusammenarbeit
  - arbeitet mit Kollegen und Vorgesetzten zusammen
  - beteiligt sich an gemeinsamen Aufgaben
  - beschafft sachdienliche Informationen unter Ausnutzung aller Kommunikationswege
  - leitet Informationen exakt und schnell weiter
  - geht diskret mit vertraulichen Dingen um
  - merkt sich wichtige Gedanken in Gesprächen und knüpft nachher daran an
- Zielorientiertes Arbeiten und Überzeugungskraft
  - bildet sich eine eigene Meinung aufgrund von Fachkompetenz und stellt sie verständlich dar
  - überzeugt durch Argumente sowie durch Sprache und Auftreten, auch gegen Widerstände
  - bewegt etwas
  - gibt auch eigene Lieblingsaufgaben an andere ab

3 Fachliches Verhalten

- Arbeitsqualität
  - führt eigene Arbeiten möglichst fehlerfrei aus
- Arbeitsquantität
  - erledigt Aufgaben in vorgegebener Zeit
  - zeigt Ausdauer und Stetigkeit bei der Arbeit
- Urteilsvermögen und Kontrolle
  - erkennt Ziele und Notwendigkeiten
  - setzt Prioritäten
  - wählt neue Lösungswege nach ihrer Wirksamkeit und setzt sie gezielt ein
  - kontrolliert eigene Arbeitsergebnisse
- Kostenbewusstes Handeln
  - erreicht vorgegebene Ziele mit möglichst geringem Zeitaufwand
  - erkennt Verlustquellen und behebt sie
  - geht rationell mit Ressourcen um

4 Führungsverhalten

- Führungsverhalten (nur bei Führungsaufgaben)
  - trifft Entscheidungen, die das Aufgabenziel erreichen
  - kann und will unfähige Mitarbeiter straff führen
  - vertritt Unternehmensentscheidungen bei seinen Mitarbeitern
  - steht bei Problemen Mitarbeitern offen zur Verfügung
  - berät Mitarbeiter bei Unsicherheit
  - hört gut zu
- Mitarbeiterentwicklung
  - erkennt Leistungspotenziale der Mitarbeiter
  - fördert Mitarbeiter in ihrem Potenzial
  - nutzt das Potenzial seiner Mitarbeiter voll aus
  - gibt Mitarbeiter ab
  - setzt theoretische und praktische Kenntnisse ein
  - braucht kaum kontrolliert zu werden

Die Kompetenzbeurteilung zeigt Ihnen genau, wo Ihre Stärken liegen:

Kompetenzbeurteilung					
Name:		**Datum:**			
Kernkompetenzen	**Beobachtung/Beurteilung durch Vorgesetzte/n**				**eigene Beschreibung**
	100 %	**75 %**	**50 %**	**25 %**	
1 Persönlichkeit					
▪ Flexibilität und Initiative	❐	❐	❐	❐	
▪ Auftreten	❐	❐	❐	❐	
2 Soziales Verhalten					
▪ Zusammenarbeit	❐	❐	❐	❐	
▪ Zielorientiertes Arbeiten und Überzeugungskraft	❐	❐	❐	❐	
3 Fachliches Können					
▪ Arbeitsqualität	❐	❐	❐	❐	
▪ Arbeitsquantität	❐	❐	❐	❐	
▪ Urteilsvermögen und Kontrolle	❐	❐	❐	❐	
▪ Kostenbewusstes Handeln	❐	❐	❐	❐	

Kompetenzbeurteilung					
Name:			Datum:		
Kern-kompetenzen	Beobachtung/Beurteilung durch Vorgesetzte/n				eigene Beschrei-bung
	100 %	75 %	50 %	25 %	
4 **Führungskompetenz**					
▪ Führungs-verhalten (bei Führungs-aufgaben)	❐	❐	❐	❐	
▪ Mitarbeiter-entwicklung (bei Führungs-aufgaben)	❐	❐	❐	❐	

Wie Sie Ihre Ziele finden und verwirklichen

„Eine Reise von Tausend Meilen beginnt mit dem ersten Schritt."

Ihre Ausgangssituation haben Sie nun geklärt. Sie wissen, wie Sie sich in Ihrer jetzigen beruflichen Situation fühlen, was Sie bisher geleistet haben, wo Ihre Stärken und Schwächen, Ihre Talente und Fertigkeiten liegen. Somit sind Sie gut vorbereitet für die nächsten Schritte auf Ihrem Weg zum erfolgreichen Selbstmanagement.

In diesem Kapitel erfahren Sie wie Sie Ziele

- definieren (S. 24),
- verbindlich formulieren (S. 29) und
- effizient umsetzen (S. 35).

Ziele definieren, statt unwichtige Aufgaben erledigen

Warum sind Ziele so wichtig?

Jeden Tag sind wir mit einer Unmenge von Aufgaben konfrontiert, unser Terminkalender quillt über, Kollegen, Vorgesetzte und Kunden schneien mit unvorhergesehenen Anliegen herein. So vergeht Woche um Woche. Nur leider verlieren wir dabei leicht eines aus den Augen: unsere Ziele.

Wir richten unsere Aufmerksamkeit viel zu sehr auf einzelne Aufgaben. Stattdessen müssen wir lernen in Zielen zu denken und unsere Aktivitäten streng nach diesen Zielen auszurichten. Nur so bündeln wir unsere Energien und erreichen das, was wir uns vorgenommen haben.

Darüber hinaus versetzen uns Ziele überhaupt erst in die Lage, unsere Leistung richtig zu beurteilen. Wenn wir für unsere Arbeit keine Messlatte, keinen Richtwert haben, wissen wir auch nicht, ob wir gute oder schlechte Arbeit machen.

Wodurch zeichnen sich Ziele aus?

Ziele sind auf die Zukunft gerichtete Vorstellungen. Um sie zu erreichen, nehmen Sie sich etwas vor und realisieren es auch. Andernfalls sind es keine Ziele, sondern nur Pläne oder Vorsätze.

Wer sich ein Ziel setzt, klärt damit drei, für die Karriere entscheidende Dinge:

1 Wo will ich hin? In welche Richtung will ich mich verändern bzw. entwickeln? Was will ich an mir selbst, in meiner Umgebung ändern?
2 Wie will ich etwas ändern?
3 Wie schnell möchte ich etwas erreichen?

Mit wem stimme ich meine Ziele ab?

Eines ist natürlich klar: Ein Ziel erreichen Sie nicht als Einzelkämpfer. Sie brauchen Menschen, die Sie in Ihren Karrierezielen unterstützen. Die Meinungen anderer Personen, die von Ihren Plänen betroffen sind, müssen Sie kennen. Dazu gehört neben Ihrem Chef selbstverständlich Ihr Lebenspartner. Offenheit ist jetzt notwendig. Es nützt nichts, wenn Sie sich über Ihre beruflichen Pläne Gedanken machen, wenn Ihr Chef ganz andere berufliche Ziele mit Ihnen verfolgt.

Was den Lebenspartner betrifft, so muss dieser sich meist auf mehr Engagement Ihrerseits einrichten. Es ist außerordentlich wichtig, dass Ihr Partner und/oder Ihre Familie bedeutende Entscheidungen mittragen, beispielsweise wenn Sie für ein Jahr ins Ausland gehen müssen. Gerade in schwierigen Situationen können eine gut funktionierende Partnerschaft oder ein harmonisches Familienleben über den beruflichen Erfolg entscheiden.

Ziele finden

Sicherlich kennen Sie Äußerungen wie: „Ich möchte mal ein Buch schreiben" oder: „Ich hätte gerne irgendwann ein eigenes Unternehmen". Solche Wünsche haben wir alle – doch wie ernst meinen wir es damit? Im Prozess der Zielfindung klären Sie, was Sie wollen, wie wichtig bestimmte Wünsche für Sie sind. Bei der Zielfindung erarbeiten Sie Vorstellungen, Richtungen, Ideen für Ihre persönliche Weiterentwicklung.

Wo fange ich an?

Wir haben für Sie vier Fragen formuliert, die Ihnen helfen werden, die ersten Schritte auf dem Weg zu Ihren Zielen einzuleiten. Mit ihrer Hilfe

- haben Sie für sich geklärt, welche Wünsche Sie in welchem Zeitrahmen angehen wollen.
- werden Ihre Wunschvorstellungen geordnet, weil Sie sie auf der Zeitachse platziert haben.
- können Sie alle Ideen und Wünsche, die Sie nicht auf der Zeitachse zuordnen können, bezüglich ihrer Ernsthaftigkeit überprüfen. Möglicherweise handelt es sich hier nur um Luftschlösser.
- erkennen Sie, wohin die persönliche Weiterentwicklung gehen soll.

Die Fragen lauten:

1 Was würde mir in einem Monat/Jahr Spaß machen?
___

2 Was wird mich in einem Monat/Jahr ärgern bzw. meine Nerven strapazieren? ___
___

3 Was will ich in einem Monat/Jahr erreicht haben? ___
___

4 Was will ich in einem Monat/Jahr nicht erreicht haben?
___

Was hilft mir bei meiner Zielfindung?

Folgende Instrumente und Vorgehensweisen erleichtern Ihnen die Zielfindung:

Ihre Wünsche, Vorstellungen und Ideen bezüglich Ihrer Weiterentwicklung ermitteln Sie mit Hilfe der **Lust-Frust-Bilanz** und der **Leistungsbilanz**. Prüfen Sie, mit was Sie unzufrieden sind und wo Sie sich verändern wollen. Stellen Sie sich konkret den Zeitrahmen vor, in dem Sie Veränderungen vollziehen wollen; so fallen alle Wünsche der Kategorie „wäre vielleicht mal was" oder „könnte interessant sein" durch.

Nutzen Sie auch die **Stärken-Schwächen-Analyse** aus der Standort-Bestimmung und die **Kompetenzbeurteilung** für die **Zielfindung**. In der **Stärkenanalyse** haben Sie Ihre Stärken notiert und die daraus zu erwartenden Chancen. Prüfen Sie, inwieweit Sie die Chancen realisieren können. In der

Kompetenzbeurteilung haben Sie sich hinsichtlich verschiedener Fertigkeiten eingeschätzt. Auch hier überlegen Sie, bei welchen Kompetenzen Sie sich verbessern wollen.

Was soll sich zukünftig verändern?

Erstellen Sie eine Lust-Frust-Bilanz, die in die Zukunft gerichtet ist.

- Sie haben sich die Frage gestellt: Was soll mir in Zukunft (in einem Jahr/Monat) Spaß machen? Tragen Sie die Punkte auf der Lustseite der Lust-Frust-Bilanz ein.
- Die Antworten auf die Frage: „Was wird mich in Zukunft (in einem Jahr/Monat) immer noch nerven, ärgern?" halten Sie auf der Frustseite der Lust-Frust-Bilanz fest.

Lust	Frust

Was will ich zukünftig erreichen?

Ebenso erstellen Sie eine Leistungsbilanz, die in die Zukunft gerichtet ist. Sie überlegen sich dabei folgendes:

- Was möchte ich in einem Jahr/Monat erreichen? Wichtig ist, dass Sie sich darüber klar werden, in welchem Zeitrahmen Sie eine bestimmte Veränderung anstreben. Auf der Erfolgsseite tragen Sie nur Erfolge ein, die erwartbar und realistisch sind.

- Was glaube ich in einem Jahr/Monat nicht zu erreichen? Mit welchen Schwierigkeiten muss ich rechnen? Auf der Misserfolgsseite notieren Sie die Punkte, die Ihnen Ihrer Ansicht nach aus dem Ruder laufen werden bzw. die Sie nicht beeinflussen können. Führen Sie auch auf, welche Ergebnisse Sie objektiv nicht erreichen werden. Stellen Sie darüber hinaus zusammen, was Sie aufgrund äußerer wie innerer Umstände nicht erreichen können.

Erfolg	Misserfolg

Ziele formulieren

Je konkreter und klarer ein Ziel fomuliert ist, desto einfacher können Sie es umsetzen. Ein Ziel wird durch folgende Aussagen beschrieben:

- die Absicht, den Zweck der Veränderung
- die Maßnahmen, die Aktivitäten für die Umsetzung des Ziels
- das Ergebnis, den Zustand, der erreicht werden soll
- den zeitlichen Rahmen, bis zu dem die Veränderung umgesetzt wird.

Wozu Ziele formulieren?

- Die Zielformulierung schafft Klarheit für die Zielumsetzung. Es werden Details für die Veränderung definiert.
- Die Zielformulierung beinhaltet den Plan für die Umsetzung Ihrer Ziele. Zielkonflikte werden während der Zielformulierung aufgedeckt und gelöst.

Wie gehen Sie vor?

Um die eigenen Ziele formulieren zu können, beantworten Sie gewissenhaft die vier folgenden Fragenkomplexe:

1 Was bezwecke ich mit einer Veränderung?

Klären Sie im Einzelnen folgende Punkte für sich:

- Die Absicht der Veränderung.
- Was bedeutet die Veränderung für mich?
- Welche Vorteile, welchen Nutzen erwarte ich aufgrund der Veränderung?

2 Wie komme ich dahin?

- Formulieren Sie Maßnahmen für Ihr Ziel
  - Was muss ich machen, damit ich die gesteckten Ziele erreiche?
  - Welche konkreten Aktivitäten und Maßnahmen sind für die Zielerreichung notwendig?

Beispiel

Ein Außendienstmitarbeiter ist unzufrieden mit der bisherigen Routenplanung und setzt sich zum Ziel, diese zu verbessern. Er klärt zunächst, an welchen Punkten er ansetzen muss. So wird er etwa die zu viel gefahrenen Kilometer erfassen und seinem Vorgesetzten vorlegen. Da rüber hinaus wird er bei der Terminvereinbarung in etwa wissen, welche Gebiete an welchem Tag angefahren werden sollen, und dies bei der Planung berücksichtigen.

- Klären Sie konkrete Voraussetzungen
  Was brauche ich für die Umsetzung meiner Veränderungen? Solche Voraussetzungen für eine Zielerreichung können sein:
  - **Zeit**, z. B. damit Sie sich in ein neues Thema einarbeiten können
  - **bestimmte Personen**, z. B. ein Mentor, der mit Ihnen Verständnisfragen klärt
  - **Geld**, z. B. für Bücher, Lehrmaterial, Ausbildungskosten
  - ein **Ort**, z. B. ein Raum, in dem Sie ungestört lernen können
  - **Qualität**, z. B. eine offizielle Beurteilung Ihrer Arbeit
  - **Quantität**, z. B. ein bestimmtes Volumen für eine offizielle Anerkennung Ihrer Leistung.

- Stecken Sie Ihren Einflussbereich ab
  Ist es möglich, die erforderlichen Voraussetzungen zu schaffen?
  Die Bereitstellung der Voraussetzungen liegt manchmal außerhalb Ihres Einflussbereiches. Sie sind dann auf eine dritte Person angewiesen. Es ist deshalb sehr wichtig, dass Sie sich bereits bei der Zielformulierung Gedanken machen, welche Voraussetzungen notwendig sind.
  Falls es nicht möglich ist, die Voraussetzungen bereitzustellen, werden Sie dieses Ziel nicht realisieren. Das bedeutet, dass Sie das Ziel entweder auf später verschieben müssen oder dass Sie dieses Ziel anpassen oder ganz aus Ihrer Wunschliste streichen müssen.

3 Wo will ich hin?

- Wohin soll die berufliche Entwicklung führen?
  Was ist das Ergebnis, der Zustand, den ich mit der Veränderung erreichen möchte? Sie machen sich Gedanken, wohin Sie sich entwickeln wollen. Was sind die Ergebnisse Ihrer Entwicklung? Entwicklung ist unabdingbar mit Zielen verbunden, die mit Ihnen als Mitarbeiter vereinbart werden. Die Ziele können sowohl aufgabenorientiert wie auch beziehungsorientiert sein. Welchen Inhalt sie genau annehmen, hängt selbstverständlich von Ihren gesteckten Zielen ab. Wir empfehlen deshalb, mit Ihrem Vorgesetzten Ihre Überlegungen abzustimmen.
- Welche Rolle spielen persönliche Ziele?
  Hinzu kommt der persönliche Aspekt. Jede Person hat selbstverständlich eigene persönliche Ziele. Je enger diese

mit den unternehmerischen zur Deckung gebracht werden, desto eher werden sie auch erreicht. Berufliche Entwicklung und persönliche Ziele können Sie nur über offene Gespräche mit Ihrem Vorgesetzten und sonstigen beteiligten Personen (z. B. Ihrem Lebenspartner) in Einklang bringen.

4 Bis wann will ich mein Ziel erreicht haben?

Zuletzt bestimmen Sie noch, in welchem Zeitrahmen Ihr Ziel verwirklicht werden soll:

- Bis wann soll die Veränderung umgesetzt werden?
- Ab wann werden Aktivitäten und Maßnahmen greifen?

Ziele formulieren im ZIEL-Schema

Das Ziel-Schema gibt Ihnen einen Eindruck davon, welche Punkte die Zielformulierung ganz konkret beinhaltet. Es hilft Ihnen dabei Ihre Gedanken zu strukturieren.

Die Bedeutung von ZIEL	
Zweck	Zu welchem Zweck machen wir das? Was habe ich davon? Was bedeutet das für uns?
Inhalt	Was brauche ich dazu? Methoden, Vorgehensweisen, Personen, Maßnahmen und Aktivitäten, Voraussetzungen; Wie und womit?
Ergebnis	ein messbarer und überprüfbarer Zustand Erfolgskriterien? Was?
Länge	Wie lange?

Ein Beispiel zu ZIEL

Zweck	*Zu welchem Zweck machen wir das?* *Was habe ich davon? Was bedeutet das für uns?*
	▪ ungestörtes Arbeiten zu gewissen Blockzeiten ermöglichen
Inhalt	*Was brauche ich dazu?* *Methoden, Vorgehensweisen, Personen, Maßnahmen und Aktivitäten, Voraussetzungen;* *Wie und womit?*
	▪ mittels Telefonumleitung von 12.00 bis 14.00 Uhr und aktueller Tagesplanung und Wochenplanung schaffe ich mir Freiräume und ...
Ergebnis	*ein messbarer und überprüfbarer Zustand* *Erfolgskriterien?* *Was?*
	▪ Aufgaben, die eine hohe Konzentration erfordern, können bearbeitet werden
Länge	*Wie lange?*
	▪ ab sofort

ZIEL steht dabei für

- **Z**weck
- **I**nhalt
- **E**rgebnis
- **L**änge

und deckt damit die vier Bereiche ab, die Sie benötigen, um ein Ziel zu verwirklichen. Mit dem Ziel-Schema erhalten Sie gleichzeitig einen kompakten Überblick über die Planung Ihrer Ziele.

Das Ziel-Schema lässt sich auch für weitere Anwendungsbereiche einsetzen:

- zur Klärung für sich und mit Ihrem Vorgesetzten, bevor Sie eine neue Funktion übernehmen;
- zur Vorbereitung und klareren Sachargumentation im Fördergespräch mit dem eigenen Vorgesetzten oder mit dem eigenen Mitarbeiter;
- für die Festlegung von klaren Abmachungen mit neuen Mitarbeitern für die Probezeit und danach;
- bei problematischen Mitarbeitern, um mit Ihnen die Bereitschaft zur Mitarbeit zu klären, z. B. mit Mitarbeitern mit Alkoholproblemen, bei Leistungsabfall, vor Abmahnungen;
- bei Mitabeitern, die sie übernehmen müssen (bevor Sie sie übernehmen).

Ziele realisieren mittels Aktivitätenliste

Sie haben Ihre Ziele gefunden und formuliert. Dann beginnt jetzt die eigentliche Arbeit: sie umzusetzen. Andernfalls sind es keine Ziele, sondern nur Vorsätze. Damit Sie sich tatsächlich verändern und Ihre Ziele erreichen, arbeiten Sie mit einer Aktivitätenliste, in der Sie alle zur Zielerreichung notwendigen Aufgaben festhalten (siehe auch „Die Aktivitätenliste" im Kapitel „Wie Sie Ihre Zeit richtig managen", S. 64).

Wozu eine Aktivitätenliste?

- Sie behalten stets den Überblick über alle anstehenden Aufgaben. Außerdem können Sie mit Hilfe dieses Instruments Ihre Aktivitäten besser überwachen und kontrollieren.
- Ihre Planung wird Realität und muss allen Widrigkeiten, die von außen auf Sie zukommen, standhalten.
- Jeder Mitarbeiter, jede Person ist in ein Tagesgeschäft eingebunden. Veränderungen und Entwicklungen müssen Sie zusätzlich in Ihren jetzigen Tages- und Wochenablauf einbauen. So stellen Sie sicher, dass Sie die gesteckten Ziele auch wirklich umsetzen.

Wie gehen Sie vor?

1 Aktivitäten planen und Prioritäten setzen

Sie stellen alle Aktivitäten, die Sie in der Zielformulierung definiert haben, zusammen. Sie überprüfen die einzelnen Aktivitäten bezüglich ihrer logischen Abhängigkeiten und bringen die einzelnen Aktivitäten in die Reihenfolge, wie sie anschließend abgearbeitet werden. Sie erstellen einen Ablaufplan/Netzplan. Ein Engpass könnte für Sie selbst die zur Verfügung stehende Zeit sein, weil Sie z. B. neben Ihrem normalen Job nur zehn Stunden pro Woche für Ihre Weiterentwicklung zur Verfügung haben. Sie können die Aufgaben nur nach und nach abarbeiten.

Einen weiteren Engpass können die Voraussetzungen für die Umsetzung bestimmter Ziele bilden. Oft liegt die Bereitstellung solcher Voraussetzungen nicht in Ihrem Einflussbereich. Sie sind hier auf die Unterstützung von außen angewiesen. Damit die Bereitstellung der Voraussetzungen Sie nicht zu stark in der Zielumsetzung blockiert, planen Sie notwendige Aufgaben mit entsprechender Pufferzeit ein.

2 Aktivitätenliste überwachen und aktualisieren

Sie erstellen eine Liste, auf der Sie die einzelnen Aktivitäten und dazugehörigen Daten wie Priorität oder beteiligte Personen notieren. Mit Hilfe dieser Aktivitätenliste können Sie die Umsetzung aller Maßnahmen überwachen. Aktualisieren Sie die Liste in regelmäßigen Abständen.

Diese Liste eignet sich für dieselben Anwendungsbereiche, die für das Zielschema genannt wurden (siehe S. 35):

- Klärungsgespräche mit Ihrem Vorgesetzten,
- Fördergespräche mit Ihrem Vorgesetzten oder mit eigenen Mitarbeitern,
- Abmachungen mit neuen oder übernommenen Mitarbeitern,
- Abmachungen mit problematischen Mitarbeitern.

Die Auflistung der Aktivitäten verschafft Transparenz

Datum	Priorität	Aktivität Was?	Bis wann?	Wer?	Ok?

Daneben können Sie die Aktivitätenliste einsetzen für eine detaillierte Aufgabenverteilung

- im Rahmen von Projektmanagement,
- im Rahmen von Teamarbeit und Coaching.

Veränderungsprozesse und ihr Verlauf – die Prozesskurve

Es ist alles in Bewegung. Veränderung ist angesagt - in vielen Lebensbereichen. Es gibt kaum jemanden, der sich nicht von Veränderungen betroffen fühlt. Das Einzige, was Bestand hat, ist der Wandel selbst.

In vielen Trainings und Seminaren fanden wir heraus, dass es eine Möglichkeit gibt, den Verlauf von Veränderungen in ihrem Ablauf darzustellen. Diese Darstellung macht den Ablauf berechenbarer und sicherer und Sie sind weniger überrascht über die unterschiedlichen Erfahrungen.

Der Prozessverlauf im Überblick

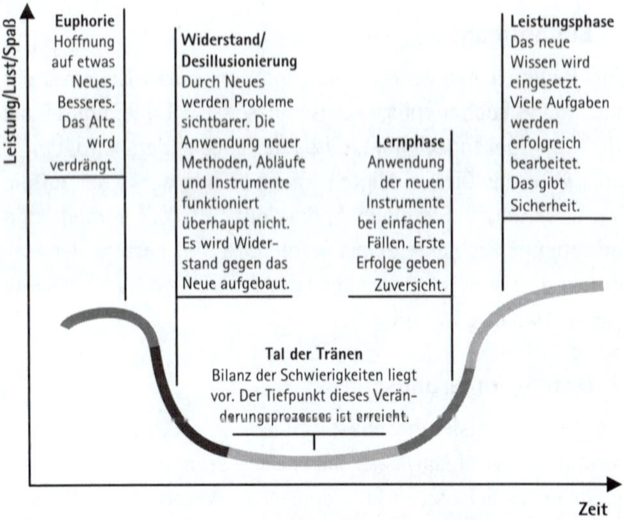

Wir werden zuerst die Vorteile und dann die Inhalte der Phasen des Veränderungsprozesses darstellen.

Wer den Prozessverlauf kennt, hat Vorteile und ...

- ... kann sich an ihm orientieren und sein Handeln danach ausrichten. Er handelt nicht unkontrolliert.
- ... erkennt bestimmte Gefühlsentwicklungen und begegnet diesen wirkungsvoll.
- ... kann den anderen Betroffenen helfen, die Entwicklungen transparent zu machen. Auch sie lernen mit den Entwicklungen umzugehen.

Die Phasen des Veränderungsprozesses

1 Euphoriephase

Am Beginn einer Veränderung und von etwas Neuem steht meist eine Euphoriephase. Diese Phase ist vor allem durch die Hoffnung gekennzeichnet, dass jetzt alles anders wird, einfacher wird etc. Die Beteiligten freuen sich in der Regel auf die Verbesserungen. Sie glauben, dass mit Hilfe der Veränderung bestehende Probleme gelöst werden. Häufig besteht der Eindruck, dass von jetzt an alles besser wird und alle Probleme sich schlagartig lösen werden.

2 Desillusionierungsphase

An die Euphorisierungsphase schließt sich die Desillusionierung an. Es wird klar, dass das neue Wissen, das neue Instrument noch nicht so einfach eingesetzt werden kann. Es wird gleichzeitig auch klar, dass in der Vergangenheit Fehler gemacht wurden. Deutlich wird, dass das neue Instrument, das neue Verhalten oder die neue Situation doch noch nicht beherrscht wird und alles nicht so einfach ist – im Gegenteil.

Gleichzeitig erfolgt ein dauerndes Hinterfragen des Bisherigen. Das führt dazu, dass auch bisher bekannte Aufgaben schlechter oder mit mehr Widerstand ausgeführt werden können. In der Desillusionierungsphase werden mehr Fehler gemacht, es wird alles hinterfragt und es werden die Zusammenhänge weniger klar.

Kritisch ist hier, dass übervorsichtige und negativ denkende Menschen (Negaholiks oder Awfulizer = problemsuchende und nicht so sehr lösungsorientierte Menschen) in der Desillusionierungsphase bereits jetzt abbrechen wollen: Es kommen Aussagen wie: „Sehen Sie, ich sagte es ja schon vorher.", „Immer wieder was Neues.", „Man kommt ja gar nicht zum Arbeiten.", „Früher war das alles einfacher und ich weiß nicht, warum man alles so kompliziert machen muss."

Es tritt aber auch der Posiholik auf (Wortbildung von „positiv"). Dieser sieht nicht die Schwierigkeiten, die im Einzelnen auftauchen werden. Er sieht jegliche Veränderung von vorne herein als positiv an. Er sicht die Chancen und nicht so sehr die Risiken. Er sieht vor allem: Das ist etwas Neues, etwas „Tolles". Es fallen Worte und Sätze wie „Super!", „Kein Problem, das schaffen ... schon!", „Man muss einfach irgendwo einmal anfangen!", „Wir wollen doch nach vorn blicken!", „Was nützt es, immer nur nachzudenken, man muss auch etwas tun!"

3 Tal der Tränen

Der Tiefpunkt ist erreicht. Dem Betroffenen ist klar, dass er die Instrumente, Verhaltensweisen und Situationen noch nicht beherrscht, er hat aber Zuversicht, dass er es schafft. Es wird klar, dass das Können noch nicht da ist, dass es jedoch möglich ist, schrittweise und unter Anleitung dieses Wissen und diese Instrumentarien anzuwenden. Diese Phase kennzeichnet das Prüfen des Instrumentes in der Anwendung, wenn es der andere vormacht. Die Sammlung aller bestehenden Probleme und Schwierigkeiten ist gemacht und diese gilt es nun zu ordnen und deren Bearbeitung mit Hilfe von To-Do-Listen festzulegen.

4 Lernphase

Es folgt die Lernphase, in der wieder mehr Zuversicht herrscht. In der Lernphase werden definitiv neue Verhaltensweisen, Instrumente oder Situationen angewendet – es herrscht allerdings noch Unsicherheit.

Die Instrumente werden angewendet und ausprobiert. Er ist sich selber noch unsicher, in welchen Situationen er sie anwenden kann. Wenn kritische Situationen auftauchen, hat er Mühe. Die Anwendung ist hier beschränkt auf einfache und klare Situationen. Der Lernende weiß, dass er hier noch nicht alles genau überblickt und unsicher ist.

5 Leistungsphase

Die letzte Phase ist die Leistungsphase. In der Leistungsphase werden das neue Wissen, Instrumente oder Verhaltensweisen umgesetzt und es macht dem Beteiligten wieder Spaß. Der Lernende ist in sich selber sicherer geworden. Er weiß, dass er jetzt wirklich etwas gelernt hat, was umsetzbar und praktikabel ist. Jetzt ist wieder Luft, eine neue Aufgabe zu lernen.

Warum ist es wichtig, den Prozessverlauf zu kennen?

- Wer den Prozessverlauf kennt, kann sich an ihm orientieren. Das Wissen über den Verlauf einer Veränderung erleichtert es, bei eigener Hilflosigkeit durch das „Tal der Tränen" nach vorne zu gehen. Es ist möglich, für sich bestimmte Extremsituationen zu definieren, die man durchschreiten will. Aufgrund dieser Definition erhält der Planende Kontrolle über sein Handeln in Extremsituationen.

- Wer den Prozessverlauf kennt, kann bestimmte Gefühlsentwicklungen erkennen und diesen wirkungsvoll begegnen.
- Wenn der Prozess den in der Zukunft davon Betroffenen dargestellt wird, werden ihnen bestimmte Entwicklungen transparent. Das hilft den Betroffenen, ebenfalls mit diesen Entwicklungen umzugehen.

Wie kann ich das Prozessmodell einsetzen?

Das Prozessmodell kann bei jeder Veränderung angewendet werden. Es ist hierbei unerheblich, ob dies eine Veränderung in Ihrem privaten oder in Ihrem beruflichen Umfeld betrifft, ob diese Veränderung eine einzelne Person oder eine Gruppe von Personen betrifft. Wenn Sie unsicher sind, reflektieren Sie einfach den Ablauf einer Veränderung aus Ihrem Umfeld, z. B Ihr letzter Arbeitsplatzwechsel, Ihr letzter Umzug etc.

Wir haben in der Realisierung eigener Veränderungsprozesse und in der Begleitung vieler Veränderungen folgende Hilfen für uns eingesetzt:

- Möglichst genau das Ziel für den Veränderungsprozess selbst formulieren.
- Für jede Phase des Veränderungsprozesses formulieren:
  - das Ziel, die Aufgaben, die in dieser Phase zu bearbeiten sind und
  - die Verhaltensweisen, die die Bearbeitung dieser Phase unterstützen.

Wo ist das Prozessmodell besonders wichtig?

Es ist insbesondere bei großen strukturellen Veränderungen (Fusion, strategische Allianz, Zusammenlegung von Abteilungen) notwendig, diesen Prozessablauf von vornherein aufzuzeigen.

Es ist absolut notwendig, die Meilensteine dieser Veränderungen aufzuzeigen. Dadurch macht eine Unternehmensführung oder eine Führungseinheit deutlich, was die Merkmale der Veränderungen sein werden.

Sie erklären, welche Instrumente für die Veränderungen eingesetzt werden. Die Beteiligten können abschätzen, was das Resultat dieser Veränderungen für jeden einzelnen auf der fachlichen wie auf der persönlichen Ebene bedeuten wird. Diese Transparenz trägt schließlich dazu bei, dass alle Beteiligten die Veränderungen akzeptieren.

Unzweifelhaft werden Veränderungen immer wieder notwendig sein. Wir können sie nicht einfach wegschieben. Daher halten wir es auch für notwendig, diese Veränderungen klar aufzuzeigen. Mit einer solchen Argumentation machen Sie deutlich, dass Sie den Prozessverlauf im Griff haben und klar vorhersehen, was wichtig ist.

Wie Sie Ihre Zeit richtig managen

„Nur wer sich selber organisiert, kann andere organisieren!"

Das persönliche Zeitmanagement ist eine sehr wichtige Komponente für ein erfolgreiches Selbstmanagement.

Lesen Sie in diesem Kapitel, wie Sie

- Leistungsfresser unter Kontrolle bekommen (S. 48),
- Wichtiges von Dringendem unterscheiden (S. 52),
- ein Arbeitsprotokoll führen, um Ihren Zeitbedarf zu ermitteln (S. 54),
- richtig Prioritäten setzen (S. 57),
- Ihren Tag sinnvoll planen (S. 60),
- Zeitplaner und einfache Hilfsmittel nutzen (S. 62) und
- Stress wirksam bewältigen (S. 66).

Wozu Zeitmanagement?

Je mehr Zeit Sie für die wesentlichen Dinge nutzen können, um so besser sind Ihre Resultate. Das setzt voraus, dass Sie zum einen die wesentlichen Dinge und die unwesentlichen Dinge als solche identifizieren. Zweitens gilt es, Ihre Zeit für die wesentlichen Dinge zu nutzen und so wenig Zeit wie möglich mit unwesentlichen Dingen zuzubringen.

Die folgenden Instrumente werden Ihnen in vielen Situationen helfen sich zu organisieren und damit zu höherer Wirksamkeit gegenüber sich selbst, Ihren Vorgesetzten, Kollegen und, falls Sie eine Führungsfunktion haben, gegenüber Ihren Mitarbeitern zu kommen.

20 Vorteile konsequenten Zeitmanagements	
1	Konzentration auf das Wesentliche
2	Reduzierung von Verzettelung
3	Unterscheidung zwischen wichtigen und weniger wichtigen Vorgängen
4	Entscheidung über Prioritätensetzung und Delegation
5	Ausschaltung von Vergesslichkeit
6	Rationalisierung durch Aufgabenbündelung
7	Abbau und Handhabung von Störungen und Unterbrechungen
8	Abbau von Stress und Nervenverschleiß
9	Gelassenheit bei unvorhergesehenen Ereignissen
10	Selbstdisziplin in der Aufgabenerledigung
11	Planung des bevorstehenden Tages
12	Ordnung des Tagesablaufes
13	Überblick und Klarheit über die Tagesanforderungen
14	Bessere Einstimmung auf den nächsten Arbeitstag
15	Verbesserung der Selbstkontrolle
16	Zeitgewinn durch methodisches Arbeiten („Goldene Stunde")
17	Erfolgserlebnisse am Tagesende
18	Erreichung der Tagesziele
19	Höhere Zufriedenheit und Motivation
20	Steigerung der Leistungsfähigkeit

Leistungsfresser erkennen und eliminieren

Die beste Organisation nützt nichts, wenn die Leistungsfresser nicht unter Kontrolle sind. Wir nennen sie Leistungsfresser, weil die Zeit unabhängig und unbeeinflussbar ist. Was Ihnen an Leistung genommen wird, lässt sich danach nicht wieder hinzufügen. Doch können wir Leistungsfresser mit Verhaltensänderungen in den Griff bekommen.

Leistungsfresser sind meistens Personen oder Tätigkeiten, die viel Zeit in Anspruch nehmen, uns unglaublich auf die Nerven gehen und uns am Ende mit wenig Ergebnissen frustriert zurücklassen. Sie können Leistungsfresser jedoch leicht ausschalten, indem Sie einen Selbsttest durchführen.

- Er hilft Ihnen, unangenehme Störfaktoren zu erkennen. Sie lassen es dann nicht mehr zu, dass diese Störer Sie unterbrechen oder Ihre Arbeit blockieren.
- Sie ärgern sich nicht immer wieder über dasselbe Problem.

Wie gehen Sie vor?

Damit Sie die Leistungsfresser eliminieren können, müssen Sie zuerst eine Selbstanalyse durchführen. Sie fragen sich dabei offen und ehrlich, für welche Aufgaben oder Personen Sie viel Zeit und Nerven investieren, ohne dabei irgendetwas Produktives herauszuholen.

Nutzen Sie dafür den Selbsttest auf der folgenden Seite.

Der Selbsttest ermittelt Ihre großen Leistungsfresser.

Ermittlung der Leistungsfresser	trifft zu
Zeitplanung und Arbeitsmethodik	
▪ Eigene unklare Zielsetzung	❐
▪ Keine oder nur wenig Tagesplanung	❐
▪ Versuch, zuviel auf einmal zu tun	❐
▪ Keine Aktivitätenliste	❐
▪ Spontane Prioritäten	❐
Persönlicher Arbeitsstil	
▪ Überhäufter Schreibtisch	❐
▪ Defizitäre Ablage (Struktur/Inhalt)	❐
▪ Viel Papierkram und Lesen	❐
▪ Viele Aktennotizen	❐
▪ Selber viel Detail-/Faktenwissen wollen	❐
Störungen durch andere	
▪ Häufige telefonische Unterbrechungen	❐
▪ Spontane, unangemeldete Besucher	❐
▪ Langwierige, ergebnislose Besprechungen	❐
▪ Ablenkung, Lärm	❐
▪ Privater Schwatz	❐

Persönliche Schwachstellen

- Hast, Ungeduld ❐
- Geringe Selbstmotivation ❐
- Eigene Unfähigkeit „Nein" zu sagen ❐
- Fehlende Selbstdisziplin ❐
- Aufschieberitis, Unentschlossenheit

Innerbetriebliche Zusammenarbeit

- Mangelnde Koordination/Teamwork ❐
- Zu wenig Delegation ❐
- Unvollständige, verspätete Information ❐
- Zu viel und unpräzise Kommunikation ❐
- Wartezeiten (z. B. bei Terminen) ❐

Kreuzen Sie die 3 Leistungsfresser an, die bei Ihnen am einfachsten zu eliminieren sind. Was werden Sie tun um diese zu eliminieren?

Wenn Sie sich jetzt die Checkliste ansehen, dann werden Sie feststellen, dass Sie sich bei bestimmten Personen oder Tätigkeiten viel Leistung (= Arbeitszeit) von anderen oder von sich selbst „fressen" oder „stehlen" lassen. Verhindern Sie dies, indem Sie Ihre Zeit nach Ihren Bedürfnissen und Zielen planen und sich Zeit nicht „wegnehmen" lassen. Lassen Sie die Leistungsfresser aus Ihrem Leben verschwinden, indem Sie sie identifizieren und eliminieren. Das Leben wird sonst noch hektischer! Es ist Ihre einzige Zeit! Sie erhalten Ihre Zeit nicht noch einmal in Ihrem Leben!

Leistungsfresser sind Personen, die Ihre Leistung zerstören.

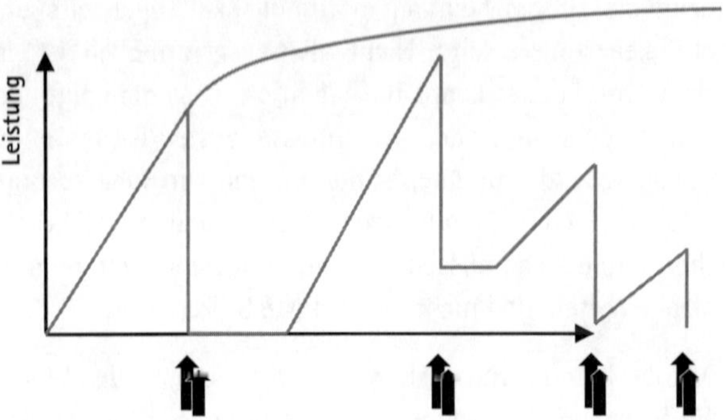

Jede Unterbrechung während der Bearbeitung einer Aufgabe verringert Ihre Leistung und kostet Sie Geld. Nachdem die Unterbrechung vorbei ist, müssen Sie sich erneut in die Aufgabe hineindenken. Sie können erst nach dieser Aufwärmphase an dem Punkt weitermachen, an dem Sie vorher unterbrochen wurden.

Das Eisenhower-Prinzip: Was ist wichtig, was ist dringlich?

Eine wichtige Hilfe bei der Zielplanung ist das Eisenhower-Prinzip: die Unterscheidung in Dringlichkeit einerseits und Wichtigkeit andererseits. Nicht alles, was dringlich ist, ist auch wichtig! Jeder kennt die Situation, dass derjenige, der am lautesten schreit oder am einflussreichsten ist, am ehesten bedient wird – und sei es nur, um ihn zur Ruhe zu bringen. Dies ist eine für die eigene Zielverfolgung gefährliche Sache. Schließlich müssen Sie Ihre Angelegenheiten unter Kontrolle halten, und nicht der lauteste Störer.

- Mit der Klärung von wichtigen und/oder dringenden Dingen (Aufgaben, Entscheidungen, etc.) steigern Sie Ihre Effektivität. Effektiv sein, bedeutet die richtigen Dinge zu tun.
- Die wichtigen Dinge sind entweder dringend oder nicht dringend. Sie müssen sie also entweder sofort bearbeiten oder planen.
- Die Anwendung der Priorisierung (Wichtigkeit) verhindert, sich mit Unwichtigem zu verzetteln, und hilft, dass die wichtigen Dinge nicht vergessen werden.

Wie gehen Sie vor?

Mit Hilfe des Eisenhower-Prinzips entscheiden Sie sofort, ob Sie die Aufgabe sofort, später oder gar nicht bearbeiten. Je nach hoher und niedriger Dringlichkeit und Wichtigkeit einer Aufgabe können Sie sehr einfach den Zeitpunkt der Bearbeitung einer Aufgabe festlegen.

Wichtigkeit und Dringlichkeit sind unabhängig voneinander

Das Eisenhower-Prinzip sagt Ihnen, was wirklich wichtig ist:

Wichtigkeit und Dringlichkeit	dringlich	nicht dringlich
wichtig	A-Aufgaben selbst machen **Quadrant der Notwendigkeit**	B-Aufgaben Planen/Delegieren **Quadrant der Qualität**
unwichtig	C-Aufgaben < 5 Min. selbst machen **Quadrant der Täuschung**	sofort selber wegwerfen **Quadrant der Verschwendung**

- Aufgaben, die wichtig und dringlich zugleich sind, bringen Ihnen bei guter und rechtzeitiger Bearbeitung sehr viele Vorteile. Diese Aufgaben müssen Sie selber und sofort erledigen.
- Aufgaben, die zwar für Sie wichtig, aber (noch!) nicht dringlich sind, müssen Sie planen und später erledigen. Gegebenenfalls können Sie sie delegieren und frühzeitig kontrollieren.
- Aufgaben, die zwar dringlich, aber für Sie selbst nicht wichtig sind, müssen Sie sofort selber erledigen, wenn Sie dafür weniger als 5 Minuten benötigen. Sie können sie aber z. B. auch dann erledigen, wenn Sie auf jemanden warten.

- Von Aufgaben, die weder wichtig noch dringlich sind, dürfen Sie sich nicht die Zeit rauben lassen. Werfen Sie sie in den Papierkorb. Oft erledigen sich solche Dinge von selbst.

Das Arbeitsprotokoll

Viele fühlen sich am Abend oder am Wochenende ausgelaugt und müde und haben trotzdem das Gefühl, wenig erreicht und geleistet zu haben. Hier leistet das Arbeitsprotokoll gute Hilfe: Es gibt Ihnen genaue Auskunft darüber, was Sie an welchem Tag wann und wo getan haben.

Wozu ein Arbeitsprotokoll?

- Das Arbeitsprotokoll verschafft Ihnen einen Überblick, wo eigentlich Ihre Zeit geblieben ist.
- Mittels eines Arbeitsprotokolls können Sie feststellen, ob und wo Sie Ihre Prioritäten hatten.
- Sie können überprüfen, ob die Prioritäten mit Ihren eigenen Absichten und Zielen übereingestimmt haben.

Wie gehen Sie vor?

Schreiben Sie an zwei festgelegten Tagen genau auf, was Sie alles machen. Wenn Sie das Arbeitsprotokoll jedes Jahr nur einmal einsetzen, erhalten Sie sehr schnell Klarheit, ob Sie Ihren Prioritäten folgen oder nicht.

Das Arbeitsprotokoll macht transparent, wo Ihre Zeit bleibt.

Datum: ________	Ziele:										
08.00	5	10	15	20	25	30	35	40	45	50	55
09.00	5	10	15	20	25	30	35	40	45	50	55
10.00	5	10	15	20	25	30	35	40	45	50	55
11.00	5	10	15	20	25	30	35	40	45	50	55
12.00	5	10	15	20	25	30	35	40	45	50	55
13.00	5	10	15	20	25	30	35	40	45	50	55
14.00	5	10	15	20	25	30	35	40	45	50	55
15.00	5	10	15	20	25	30	35	40	45	50	55
16.00	5	10	15	20	25	30	35	40	45	50	55
17.00	5	10	15	20	25	30	35	40	45	50	55
18.00	5	10	15	20	25	30	35	40	45	50	55
19.00	5	10	15	20	25	30	35	40	45	50	55

Notieren Sie:

Besprechungen

Telefonieren

Plaudern und Zeit vergehen lassen

Verwaltungsaufgaben

Unterbrechung (= Störung)

Verkaufen

Telefongespräche

Chef

Beziehungsarbeit

Pause

Erst A, dann B, dann C

Wollen wir unsere Ziele erreichen, ist es wichtig, Prioritäten zu setzen. Wie häufig verzetteln wir uns und vertrödeln unsere Zeit mit Kleinigkeiten! Am Ende des Tages fragen wir uns, was wir eigentlich gemacht haben.

Priorität bedeutet, dass etwas Vorrang hat. In der Regel setzen wir Prioritäten in drei Stufen: A, B und C. Erledigen wir erst die Aufgaben mit A-Priorität, erreichen wir hier das beste Ergebnis, die größte Leistung, den größten Erfolg.

Machen Sie sich Folgendes klar:

- Mit ca. 15 % Ihres Einsatzes an Zeit erreichen Sie etwa 65 %, d. h. zwei Drittel Ihrer Ergebnisse. Dies sind Ihre A-Aufgaben.
- Mit weiteren ca. 20 % Ihres Einsatzes an täglicher Arbeitszeit erreichen Sie gerade noch 20 % Ihrer Leistung. Beim Bearbeiten einer B-Priorität erhalten Sie gerade das als Output, was Sie an Anstrengung hineinstecken.
- Wenn Sie C-Prioritäten erledigen, erhalten Sie nur einen Bruchteil an Ergebnissen. Allerdings bringen Sie 65 % Ihrer Zeit damit zu, gerade noch 15 % Ihrer Ergebnisse zu erzielen (C-Aufgaben).

Nutzen Sie Ihre Zeit optimal für A-, B- und C-Aufgaben. Dann erreichen Sie ein hundertprozentiges Ergebnis. Verbringen Sie aber auf keinen Fall den größten Teil Ihrer Zeit mit C-Aufgaben. Dann kommen Sie nie auf hundert Prozent Leistung!

Wie setze ich Prioritäten?

Ordnen Sie alle verrichteten Aufgaben Ihres Arbeitsprotokolls nach der Reihenfolge des Wertes, d. h. ihrer Wichtigkeit (nicht aber ihrer Dringlichkeit):

1 A-Aufgaben vorrangig behandeln!

Die oberen 15 % der Aufgaben sind die A-Aufgaben, d. h. es sind jene Aufgaben, denen Sie täglich auch etwa 15 % Ihrer Zeit geben sollten. Die Aufgaben haben in der Planung der Zeit absoluten Vorrang. Sie erzielen mit diesen eine hohe Effizienz (ca. 65 % Ihrer Leistung).

2 B-Aufgaben auch delegieren!

Die mittleren Aufgaben, die B-Aufgaben, machen 20 % der bearbeiteten Aufgaben aus. Bei den B-Aufgaben bedenken Sie, welche Sie selber bearbeiten und welche delegiert werden können. Sie dürfen keineswegs aufgrund von B-Aufgaben die A-Aufgaben vernachlässigen. Für die B-Aufgaben sollten Sie ca. 20 % der Arbeitszeit einplanen.

3 C-Aufgaben sind Routine

Die restliche Arbeitszeit (65 %) planen Sie für die Erledigung der täglichen Routineaufgaben ein. Auch diese Zeit müssen Sie versuchen einzuhalten, denn sie dient der Abwicklung von Detailgeschäften. Je mehr C-Aufgaben Sie aufschieben können, desto besser! Sie erledigen sich unter Umständen von selbst. Denken Sie immer daran: Wichtigkeit geht vor Dringlichkeit.

Prioritäten erkennen mit der ABC-Analyse

Prioritätensetzung

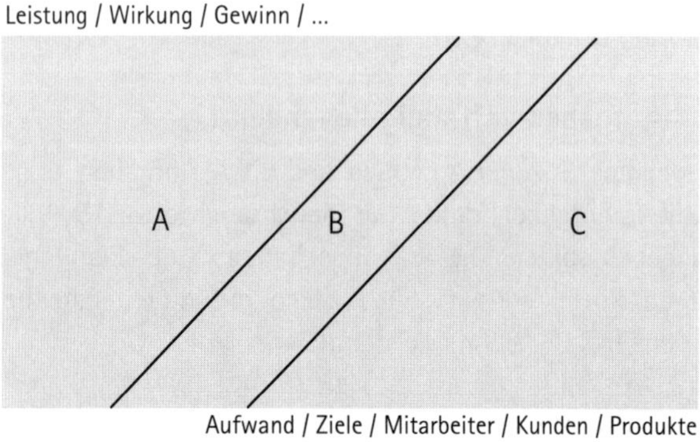

Prioritäten

- 15 % der Aufgaben sind A-Aufgaben, bewirken 65 % an Ertrag und brauchen ca. 15 % der eigenen Zeit
- 20 % der Aufgaben sind B-Aufgaben, bewirken 20 % an Ertrag und brauchen ca. 20 % der eigenen Zeit
- 65 % der Aufgaben sind C-Aufgaben, bewirken 15 % an Ertrag und brauchen ca. 65 % der eigenen Zeit

Die ABC-Analyse zeigt, dass Sie immer einen kleinen Teil des Tages für wichtige Aufgaben reservieren müssen, sonst verzetteln Sie sich im operativen Durcheinander.

Stille Stunde

Was ist das?

Die stille Stunde (Goldene Zeit, Ich-Zeit) ist die Zeit – wie der Name schon sagt – mit der Dauer von einer Stunde, die Sie sich nehmen, um strategische und anspruchsvolle Aufgaben anzugehen. In dieser Zeit lassen Sie sich nicht stören.

Welchen Nutzen bringt sie?

- Aufgaben, die sorgfältig und in Ruhe bearbeitet werden müssen, können in der stillen Stunde angegangen werden.
- Sie haben sich Zeit reserviert, um sich z.B. erste Gedanken über Ziele für das nächste Jahr zu machen.
- Sie haben Gelegenheit, sich beispielsweise ein möglichst objektives Bild über .... zu machen.
- Sie können diese Zeit nutzen, um sich Ihre Meinung bezüglich einer Sache, die Sie mit sich herumtragen und Sie immer wieder Zeit und Energie kostet, zu bilden.
- Sie arbeiten konzentrierter, schneller und fehlerfreier.

Wie gehen Sie vor?

- Reservieren Sie sich konsequent mindestens einmal pro Woche (bestenfalls täglich) eine stille Stunde.
- Damit Sie auch wirklich nicht gestört werden, planen Sie diese Zeit idealerweise an einer Randzeit ein – oder wenn Sie am wenigsten gestört werden.

- Wir empfehlen, an die frische Luft zu gehen, wenn sie die Möglichkeit dazu haben. Frische Luft ist ein ideales Umfeld für die Bearbeitung von schwierigem Gedankenmaterial.

Planen Sie den Tag mit ALPEN!

Eines der wichtigsten Instrumente für effektives Arbeiten ist der Tagesplan. Ein realistischer Tagesplan enthält grundsätzlich nur das, was Sie an diesem Tag erledigen wollen, müssen und vor allem auch können! Je mehr Sie die gesetzten Ziele für erreichbar halten, umso mehr mobilisieren Sie auch Ihre Kräfte und konzentrieren sie darauf, diese Ziele zu erreichen.

Wozu Tagespläne?

- Sie enthalten alle Aktivitäten, die Sie an einem Tag abarbeiten wollen. Sie müssen Sie in der verfügbaren Zeit erledigen können.
- Sie verschaffen Ihnen einen schnellen Überblick und stellen sicher, dass Sie nichts vergessen.
- Sie konzentrieren den Blick auf das Wesentliche. Damit bannen Sie die Gefahr, sich zu verzetteln!

Was bedeutet Tagesplanung nach der ALPEN-Methode?

Gerade wenn Sie meinen, in Arbeit zu ersticken, resignieren Sie nicht! Gehen Sie nach der ALPEN-Methode vor.

Die ALPEN-Methode hilft Ihnen, Ihren Tag systematisch zu planen, und zwar in fünf Stufen. Die Methode ist relativ einfach und erfordert nach einiger Übung nicht mehr als durchschnittlich fünf bis zehn Minuten tägliche Planungszeit.

Sie ist darüber hinaus leicht zu behalten, da ihre Anfangsbuchstaben einen gegenständlichen Begriff wiedergeben.

Die ALPEN-Methode hilft der Übersicht:

Alles aufschreiben

Länge schätzen

Pufferzeiten einplanen

Entscheiden: Priorität

Nachkontrolle

1	Alles aufschreiben Sammeln Sie alle Aktivitäten. Dazu gehören Aufgaben, Termine, Tagesarbeiten, Unerledigtes.
2	Länge schätzen Für alle Tätigkeiten schätzen Sie den Zeitbedarf.
3	Pufferzeiten einplanen Es gilt die Regel, dass Sie nur 60 % Ihrer Tageszeit fix verplanen und 40 % Ihrer Tageszeit für Unvorhergesehenes reservieren (60:40-Regel). Wenn Ihnen dies zu hoch gegriffen erscheint, arbeiten Sie zunächst eine Zeitlang mit dieser Regel und prüfen Sie dann, welcher Quotient Ihrer Erfahrung nach für Sie richtig ist.

4 Entscheidung: Priorität
Setzen Sie Prioritäten, kürzen Sie Besprechungen, delegieren Sie Aufgaben und Termine.

5 Nachkontrolle
Am Ende eines Arbeitstages oder einer Woche überprüfen Sie Ihren Tagesplan. Alle unerledigten Aufgaben übertragen Sie entweder auf einen der kommenden Tage oder in Ihre Aktivitätenliste (siehe auch das folgende Kapitel „Zeitplaner").

Zeitplaner

Zeitplaner, egal ob elektronische Organizer oder Terminplaner in Buchform, sind weit mehr als einfache Terminkalender. Sie sind ein Führungsinstrument für die Zeit- und Zielplanung. Ein Zeitplaner enthält Termine, Aktivitätenlisten, Prioritäten, Tagespläne, Wochen- und/oder Monatsübersichten, Jahresübersichten und sonstige wichtige Informationen. Zeitplaner lassen sich vielfältig nutzen: als Terminkalender, Notizbuch, Planungsinstrument, Erinnerungshilfe, Adressbuch, Ideenspeicher und Kontrollwerkzeug.

Welche Vorteile bieten Zeitplaner?

- Sie geben einen Überblick über anstehende Aufgaben (Aktivitätenliste) und geplante Termine (Tages-, Monats- und Jahresplan).

- Sie dienen als Planungsinstrument, indem Sie anstehenden Aktivitäten Prioritäten zuordnen und die Aufgaben dann in Ihrer Tagesplanung bzw. Monatsplanung berücksichtigen.
- Da Sie Kontakte und Aktivitäten konkret mit Terminen versehen haben, ist es für Sie einfach, am Ende eines Tages, einer Woche oder eines Monats Bilanz zu ziehen. Sie erkennen sehr schnell, welche Aufgaben erledigt sind und welche noch anstehen.
- Das Zeitplanbuch unterstützt Sie bei der Nachkontrolle.

Wie gehen Sie vor?

1	Alle für Sie relevanten Aktivitäten erfassen Sie in einer Aktivitätenliste.
2	Sie ordnen die Aktivitäten. Strukturierungsmerkmale sind Fertigstellungstermin und logische Zusammengehörigkeit von mehreren Aktivitäten.
3	Sie schätzen die Bearbeitungszeit der einzelnen Aktivitäten.
4	Sie setzen Prioritäten.
5	Termine tragen Sie im Tages-, Monats-, Jahresplan ein. Termine im Monats- bzw. Jahresplan haben Erinnerungscharakter.
6	Sie machen die Tagesplanung. Spätestens am Vortag planen Sie Ihren nächsten Tag. Dadurch erhalten Sie Transparenz und Klarheit über die Anforderungen des nächsten Tages. Als Basis dient Ihnen Ihre Aktivitätenliste. Darin sehen Sie, bis wann eine Aufgabe bearbeitet sein muss und wie wichtig eine bestimmte Aufgabe ist.

7	Sie halten sich bewusst ca. 40 % der Zeit pro Tag frei für Unvorhergesehenes.
8	Aktivitäten, Kontakte, die Sie noch nicht konkret terminieren können/wollen, notieren Sie in der Aktivitätenliste ohne Termin.
9	Am Ende eines Tages überprüfen Sie Ihren Tagesplan. Alle nicht erreichten Tagesziele werden bei der nächsten Tagesplanung noch mal berücksichtigt.
10	In einem für Sie geeigneten Rhythmus überprüfen Sie Ihre Aktivitätenliste. Dieser Rhythmus kann z. B. wöchentlich sein. Alle erledigten Aktivitäten erhalten den Status „erledigt", alle Aktivitäten, deren Termin bereits erreicht ist und die noch nicht bearbeitet sind, müssen neu terminiert werden.

Aktivitätenliste

In der Aktivitätenliste halten Sie alle Aufgaben fest, die in Ihrer Verantwortung liegen. Sie dient dazu,

- die Zettelwirtschaft abzubauen und alle wöchentlichen Aufgaben im Überblick darzustellen;
- die eigenen Kräfte immer wieder zu konzentrieren, Verzettelung zu verhindern;
- Sie laufend an Kernaufgaben zu erinnern.

Wie gehen Sie vor?

1 Tragen Sie jede Aktivität, für die Sie verantwortlich sind, in Ihre Aktivitätenliste ein.

2 Versehen Sie jede Aktivität mit einem Fertigstellungstermin.

3 Ordnen Sie jeder Aktivität eine Priorität zu.

4 Überprüfen Sie bei Ihrer regelmäßigen Tages-, Wochen- und Monatsplanung Ihre Liste. Fügen Sie neue Aktivitäten hinzu. Erledigte erhalten den Status „ok". Aktivitäten, deren Fertigstellungstermin bereits überschritten ist, terminieren Sie neu.

5 Aktivitäten, für die Sie verantwortlich sind, die Sie jedoch nicht unbedingt selbst erledigen müssen, können Sie – falls möglich – an jemand anderen delegieren. Für die Terminüberwachung sind jedoch Sie zuständig.

Die Aktivitätenliste schafft Überblick und Ordnung für Ihre Aufgaben.

Datum	Priorität	Aktivität Was?	Bis wann?	Wer?	Ok?

So bewältigen Sie Stress

Grundsätzlich gilt: Stress ist etwas Selbstgemachtes. Die Erfahrung aus Workshops und Unternehmensberatungen zeigt deutlich, dass viel Stress mit mangelhafter Planung und Disziplin zusammenhängt. Bei schlechter Planung handeln viele nach dem Motto: „Nachdem ich das Ziel aus den Augen verloren habe, muss ich meine Anstrengungen verdoppeln."

Wozu Stressmanagement?

Wer gut plant, kann Stress besser vorbeugen. Bereiten Sie beispielsweise Gespräche vor, wissen Sie bereits im voraus, wie sie ablaufen werden.

Die innere Sicherheit hilft über viele Hürden hinweg, die im Arbeitsalltag immer wieder auftauchen.

Bei mangelhafter Planung investieren Sie viel Zeit in die Beseitigung von Fehlern und Mängeln. Außerdem sind Sie ständig damit beschäftigt, sich über sich selbst zu ärgern. Investieren Sie Ihre Zeit besser!

Wie gehen Sie vor?

Beachten Sie einfach die folgenden Tipps, wenn Sie Ihre Arbeit planen. Sie werden sehen: Stress lässt sich vermeiden, wenn Sie es nur wollen!

Liste für effiziente Planungsarbeit

1. Die Zeitplanung wird zumeist auf der Monats-, Wochen-, Tagesund Stundenebene durchgeführt. Wenn wir allerdings bestimmte Lebens- oder Berufsziele verfolgen, können und müssen wir auch versuchen, über Jahre hinaus zu planen.
2. Planen Sie einen überschaubaren Zeitabschnitt. Je weiter in der Zukunft geplant wird, desto unsicherer ist zumeist die Erfüllung dieser Pläne.
3. Planen Sie schriftlich! Nur was tatsächlich aufgeschrieben ist, ist überschaubar. Nur wenige Menschen können alles im Gedächtnis behalten. Außerdem motiviert das Aufgeschriebene, die Dinge auch durchzuführen.
4. Planen Sie am Ende des Tages, der Woche und des Monats jeweils für den folgenden Zeitabschnitt.
5. Wählen Sie keinen zu kurzen Zeitabschnitt für Projekte. Die Planung dient ja der Übersicht, Zeiteinteilung und Arbeitsvorbereitung.
6. Planen Sie auf jeden Fall für jeden Tag, jede Woche und jeden Monat! Die Zeit fließt, und nur wenn wir zusammenhängende, fixierte Strukturen bilden können, erhalten wir einen Überblick. Ein ungeplanter Arbeitstag ist ein verlorener Tag!
7. Bestimmen Sie den Zeitbedarf für jede Arbeit. Nur Planung erlaubt auch Kontrolle!
8. Fassen Sie gleichwertige geistige Arbeiten zusammen. Sie hatten schon einmal die Gelegenheit, sich von einer Aufgabe auf eine völlig andere einzustellen. Von einem technischen Problem auf ein soziales umzusteigen, braucht eine gewisse Zeit. Um die geistige Adaptions-

zeit herabzusetzen, sollten Aufgabenpakete mit gleichem Inhalt (oder gleicher Sprache) geschaffen werden.

9 Fassen Sie Arbeiten am gleichen Ort zusammen. Wegzeiten sind meistens Leerzeiten. Anstatt beispielsweise mit jedem Stück Papier zum Kopierer zu gehen, sollte man nur einmal am Tag kopieren. Durch „Wanderschaft" gehen viele Arbeitsstunden verloren.

10 Vermeiden Sie Wartezeiten. Das halbe Leben besteht aus Warten. Wir warten

- darauf, mit dem Kunden/Mitarbeiter zu sprechen;
- auf Unterlagen, die wir zur Weiterarbeit benötigen;
- bis die Telefonleitungen frei sind;
- bis wir zum Chef können;
- bis wir irgendwo (Behörde, Arzt) vorgelassen werden;
- bis der PC gestartet ist oder
- bis das Auto gewaschen ist.

11 Legen Sie die Termine fest. Berücksichtigen Sie alle bisherigen Ausführungen. Tragen Sie in Ihrem Zeitplan zuerst die festen Verpflichtungen, anschließend die wichtigen, aber zeitlich nicht gebundenen Tätigkeiten und schließlich die übrigen Aufgaben ein.

12 Überprüfen Sie, ob Sie an alles gedacht haben.

13 Stimmen Sie Ihren Zeitplan mit allen an Ihrem Aufgabengebiet Beteiligten ab.

14 Schaffen Sie Sprechzeiten. Viele Gespräche können dann besser kanalisiert werden.

15 Viele „Büromenschen" erledigen ihre beste Arbeit vor dem eigentlichen Dienstanfang oder nach Dienstschluss. Viele Tätigkeiten werden im Laufe des Tages

durch andere Menschen oder Sachzwänge (!) unterbrochen. Es kommt zum Sägezahneffekt. Er kostet bis zu 28 % der Arbeitsleistung: Durch Unterbrechungen wird die Leistungsfähigkeit immer wieder für die gerade zu bearbeitende Aufgabe herabgesetzt. Man braucht Zeit, um wieder in die Arbeit hineinzukommen. Es gibt dazu mehrere Lösungswege:

16 Schaffen Sie sich stille Stunden während des Tages, in denen Sie ungestört wichtige A-Arbeiten erledigen können.

17 Schaffen Sie sich solche Zeiten, in denen Sie für andere Zeit haben (Telefon, Anfragen, kurze Besprechungen): grünes Zeitsignal.

18 Schaffen Sie sich solche Zeiten, in denen Sie nicht erreicht werden können und dürfen: rotes Signal. Richten Sie auch Ihre Terminplanung auf diese Zeiten aus.

19 Die stillen Stunden müssen Sie auf eine Zeit des Tages legen, in der Sie sowieso schon relativ wenig gestört werden! Meistens ist dies kurz nach der Mittagspause, am frühen Morgen oder abends. Das kann aber individuell verschieden sein.

20 Versuchen Sie die ewigen Störer oder Leistungsfresser abzuhängen, indem Sie das Telefon während der störungsfreien Zeit abstellen. Sie können sich auch mit dem Anrufer kurz auf einen Rückruf einigen. Sie können ansonsten evtl. Ihr Büro abschließen oder einen anderen Schreibtisch suchen, bis man sich an Ihre „neue Mode" gewöhnt hat.

21 Hängen Sie ein Schild an die Tür, wenn Sie nicht gestört werden wollen, z. B. „Bitte nicht vor 10.30 Uhr stören! Danke", „Sprechstunde von 10–11. Danke".

22 Legen Sie Listen an für alles, was Ihre Planung betrifft. Sie behalten so einen Überblick über das zu Erledigende und über die möglichen Störfaktoren darin. Sie können einen TAGESPLAN, eine STÖRLISTE, MONATSLISTE, TELEFONLISTE, PRIORITÄTEN LISTE und eine TERMINLISTE anfertigen.

23 Gönnen Sie sich Pausen. Sie dienen der Erholung und geben wieder Kraft.

24 Gönnen Sie sich jeden Tag etwas, das Ihnen Freude macht.

25 Überlegen Sie, wie Sie auch in Ihrer Firma zeitraubende Aktivitäten verringern können.

26 Bündeln Sie Detailaufgaben. Wenn Sie eine kleine Aufgabe erhalten, schreiben Sie sie sofort auf. Gruppieren Sie sie, wie Sie wollen.

- Wenn Sie dann mehrere Aufgaben gebündelt haben und in Ihrem Zeitplan einmal ein Loch entsteht, dann erledigen Sie die kleinen und kleinsten Aufgaben in einem Block (C).
- Streichen Sie erledigte Kleinstaufgaben.

27 Denken Sie über die Tätigkeiten nach, die Sie verrichten. Jede Tätigkeit ist gewissermaßen manipuliert. Gerade Gewohnheiten hindern am Nachdenken und kreativen Schaffen.

28 Hängen Sie die Liste auf!

Wie Sie effektiv mit anderen zusammenarbeiten

Die Interaktion mit anderen Menschen ist prädestiniert dazu, unsere Selbstorganisation durcheinanderzubringen. Wenn Sie die entsprechenden Techniken beherrschen, können Sie wirksam gegensteuern.

In diesem Kapitel erfahren Sie wie Sie

- in Gesprächen schneller Ergebnisse erzielen (S. 72),
- mit Telefonkonferenzen und E-Mails umgehen (S. 75/77),
- Präsentationen transparent gestalten und ohne Lampenfieber überstehen (S. 86/90),
- Vorträge mit visuellen Hilfsmitteln bereichern (S. 97).

Bereiten Sie Gespräche vor!

Wie häufig sitzen wir stundenlang in Besprechungen und fragen uns schließlich: Was hat uns diese Marathonsitzung eigentlich gebracht? Wer sich selbst zu managen gelernt hat, kann solchen unproduktiven Gesprächen jedoch gut vorbeugen. Die Tipps für die Besprechungsvorbereitung, die wir Ihnen im Folgenden geben, eignen sich für jedes Gespräch oder jede Verhandlung, seien sie informeller oder formeller Art. Auch bei der Vorbereitung von Gesprächen arbeiten Sie mit Zielformulierungen.

Warum sind Ziele für Gespräche wichtig?

In jeder Gesprächssituation gibt es Ziele, die Sie auf jeden Fall erreichen müssen: Wir nennen sie „Mussziele". Darüber hinaus gibt es aber auch negative Punkte, die es auf jeden Fall zu vermeiden gilt.

Beispielsweise reagieren Sie oder Ihr Gesprächspartner auf bestimmte Zielvorstellungen empfindlich. Daher ist es wichtig, diese zu kennen und zu vermeiden. Die Vorbereitung auf ein Gespräch schließt folglich mit ein, dass wir uns auch mit der eigenen Position und der des Verhandlungspartners ernsthaft auseinander setzen.

Wozu Gespräche vorbereiten?

Die Gesprächsvorbereitung hat viele Vorteile:

- Durch die Zielformulierung erschließen Sie sich wesentliche Informationen und Meinungen des Gesprächspartners.

- Sie konzentrieren sich auf das Wesentliche in einem Gespräch. Dadurch werden Sie weniger Opfer von Zufallsdiskussionen.
- Sie werden nicht mit Argumenten konfrontiert, die Sie überraschen und dann Stress verursachen. Ihr Kopf bleibt frei.
- Sie müssen sich nicht darüber ärgern, dass Sie bestimmte Punkte und Argumente Ihres Verhandlungspartners hätten vorausahnen müssen.

Formulieren Sie Ziele für Ihr Gespräch!

Thema: ______	Teilnehmer: ______
Datum/Ort: ______	Sunstiges: ______
1 Was ist mein Hauptziel?	
2 Welche Entscheidungen könnten/müssen getroffen werden?	
3 Was muss ich erreichen?	
4 Was muss ich vermeiden?	
5 Was muss mein Gesprächspartner erreichen?	
6 Was muss mein Gesprächspartner vermeiden?	
7 Wo liegen unsere möglichen Zielkonflikte? Was heißt das für die Gesprächseröffnung?	

Beispiel: Gesprächsvorbereitung

Thema: Mitarbeiterbeurteilung und Weiterentwicklung	**Teilnehmer:** Sticker, Taylor
Datum/Uhrzeit/Ort: 20.01.20XX/11.30/sein Büro	**Sonstiges:** Unterlagen für Vorbereitung am 7.1. abgeben

1 Was ist mein Hauptziel bei der Besprechung?
- letzte Abmachungen überprüfen
- Klärung der Mitarbeiterbeurteilung
- nächste Schritte gemeinsam festlegen

2 Welche Entscheidungen könnten/müssen getroffen werden?
- Obere Punkte: Termine? Kurse und weitere Aufgaben: besondere Ausbildungsmaßnahmen
- Welche Schwerpunkte sollen gesetzt werden?

3 Was muss ich erreichen (Mussziel)?
- Klarheit und Vertrauen
- Klärung: Steht etwas gegen die Mitarbeiterbeurteilung/Laufbahnentwicklung sowie die verbundenen notwendigen Fördermaßnahmen?

4 Was muss ich vermeiden?
- Ausübung von Zwang
- Es darf nicht auf einen Wunsch nach einer Beförderung hinauslaufen.
- Es darf nicht auf Alibimaßnahmen oder etwa einen Anspruch auf bestimmte Maßnahmen hinauslaufen.

5 Was muss mein Gesprächspartner erreichen?
- Klare Informationen über unsere Einschätzung von ihm selber
- Klarheit über das weitere Vorgehen, das wir mit ihm planen

6 Wo liegen unsere möglichen Zielkonflikte?

Umgang mit Telefonkonferenzen

Was ist das?

Telefonkonferenzen verwendet man, um mit mehreren Personen gleichzeitig über das Telefon in Verbindung zu treten. Üblicherweise wird Teilnehmern die Einwahl selbstständig ermöglicht und je nach Telekommunikationsanbieter stehen dem Verwender verschiedene Möglichkeiten offen, die Konferenz zu moderieren.

Welchen Nutzen bringen Telefonkonferenzen?

- Telefonkonferenzen ersparen den Teilnehmern Wege und Unannehmlichkeiten von Reisen.
- Sie können vom Arbeitsplatz aus geführt werden, weshalb dem Teilnehmer während der ganzen Konferenz seine gewohnte Infrastruktur zur Verfügung steht.

Vorgehen

Eine Telefonkonferenz ist einzusetzen, wenn es die Arbeit nicht zulässt, dass sich alle Teilnehmer persönlich treffen oder wenn durch mehrmaliges Hin-und-her-senden von E-Mails zu viel Zeit verschwendet würde.

Was man vor einer Telefonkonferenz wissen muss:

- Wer sind die Teilnehmer?
- Wann findet die Konferenz statt und wie viel Zeit muss ich dafür einplanen?

- Was sind die zu besprechenden Themen?
- Wo befinden sich die Teilnehmer?
- Was ist das Ziel der Konferenz? Ein Informationsaustausch oder eine Entscheidungsfindung?
- Welche Unterlagen erhält dazu wer in welcher Form?

Während der Telefonkonferenz gilt es zu beachten:

- Grundsätzlich gelten die Regeln von Besprechungen, doch müssen diese noch konsequenter eingesetzt werden, da den Teilnehmenden i. d. R. nur der Hörsinn zur Verfügung steht.
- Wichtig ist ein pünktlicher Anfang.
- Ein Leiter der Telefonkonferenz ist festgelegt.
- Eine klare und allen Teilnehmern bekannte Rollenverteilung ist definiert.
- Alle Teilnehmer konzentrieren sich auf die Konferenz und machen nichts anderes nebenher (keine Mails lesen, beantworten etc.).
- Ich vermeide Hintergrundgeräusche.
- Wenn ich nicht sprechen muss, stelle ich mein Telefon auf stumm.
- Ich mache Gesprächsnotizen.
- Ich unterbreche einen Sprecher nicht und warte ab, bis er ausgesprochen hat.
- Redezeiten sind einzuhalten.

- Ich rechne mit Sprachverzögerungen, wenn Teilnehmer mit dem Mobiltelefon oder aus dem Ausland anrufen.
- Am Schluss folgen eine Zusammenfassung der Ergebnisse und eine Besprechung der noch offenen Punkte.

Umgang mit E-Mails zu Hause und im Beruf

E-Mail steht als Kommunikationswerkzeug seit mehr als einem Jahrzehnt zur Verfügung. Trotzdem bestehen nach wie vor große Defizite, E-Mails effektiv zu nutzen. Im Folgenden zeigen wir Hilfen und Tipps wie Sie die Aufgabe E-Mails bearbeiten professionell angehen können und was Sie beim Formulieren von E-Mails beachten sollten.

Was ist beim Einsatz von E-Mails als Aufgabe zu beachten?

1 Ablage und Speichern

- Um die Übersichtlichkeit zu bewahren ist es wichtig, dass nur die unbearbeiteten und evtl. noch auf Antwort bzw. Erledigung wartenden Mails im Posteingang sind.
- Legen Sie für sich eine für Sie klare Ablagestruktur fest und zwar für den Posteingang und für alle Dateien in der Anlage.

- Empfehlenswert ist, nur ein Ablagesystem zu nutzen (z.B. im „Eigene Dateien" in der MS-Welt). Alle Anlagen werden dorthin verschoben
- Aufgaben und Kontakte werden in den im Mailprogramm dafür vorgesehenen Ordnern abgelegt.

2 Bearbeiten Sie den Posteingang zu fixen Terminen

- Manche rufen über hundertmal pro Tag die E-Mail-Funktion auf. Insbesondere wenn neue E-Mails als visuelles Signal (z. T. mit Ton) angezeigt werden. Wenn Sie nicht als Dienstleister jede E-Mail sofort beantworten müssen, empfiehlt es sich, diese Eingangsmeldungen abzustellen. Sie sind mit die häufigsten Leistungsfresser.
- Vielfach reicht es, die E-Mails ca. dreimal am Tag, zu fixen Terminen, abzurufen. Sie sollten dabei sofort die Gelegenheit haben (siehe Eisenhower-Prinzip, S. 52) den Posteingang zu bearbeiten und damit den nächsten Schritt zu machen, um eine Mail nicht viele Male anzuschauen und dann doch nicht zu bearbeiten.
- Machen Sie aus Mails und daraus entstehenden Aufgaben Termine. Sie können dazu die Mail anklicken, festhalten, in den Kalender ziehen und dort eine gewisse Zeit zum Erledingen der Aufgabe reservieren.

3 Fällen Sie Entscheidungen

- Nach dem Lesen der E-Mail beantworten, löschen, ablegen, weiterleiten oder terminieren Sie diese.

- Verwenden Sie die „Löschen/Delete"-Taste als Hauptwerkzeug. Nicht jede Mail muss gespeichert werden, insbesondere die cc`s nicht.

4 Fassen Sie sich kurz

- Lange E-Mails werden in der Bearbeitung vom Empfänger aufgeschoben und erwecken Ärger.
- Verschiedene Themen = verschiedene E-Mails. Das erhöht die Chance der Bearbeitung und verringert das Risiko des Vergessens.
- KISS: Keep it simple and stupid oder KUV: Kinder- und Vorstandsverständlich

5 Telefonieren Sie

Wenn Sie sehen, dass das E-Mail schon aus mehr als z.B. drei Submails besteht (Ping-Pong E-Mails) telefonieren Sie oder gehen Sie zur betreffenden Person.

6 Schreiben Sie im „Betreff" klar, was Sie wollen oder nennen Sie das Thema

- Z. B. „Bitte überprüfen Sie die Zahlen". Oder: „nächster Termin am kommenden Montag."
- Eine eindeutige Angabe in der Betreff-Zeile erleichtert es dem Empfänger zu wissen, was Sie wollen.
- Es wird zudem verhindert, dass Ihre E-Mail als Spam aussortiert wird, wie z.B. bei „Hallo", „Info".

- Klare Betreffzeilen erleichtern das Finden der E-Mail via Suchfunktion.
- Senden Sie keine Nachricht mit „RE: RE: Fwd: Re"

7 Überprüfen Sie Grammatik und Rechtschreibung

Grammatik und Rechtschreibung werden oft vernachlässigt. Sie erleichtern jedoch die Bearbeitung der E-Mail und halten den respektvollen Umgang damit aufrecht.

- Ihre E-Mail geht an Kunden, potenzielle Kunden, Mitarbeiter oder den Chef.

8 Erst denken, dann senden

Wenn Sie spontan und aus dem Bauch heraus handeln, werden Emotionen, Temperament und der Ton (das Wie) zum Thema – der Inhalt (das Was) verschwindet dahinter.

- Sobald eine E-Mail gesendet wurde ist sie für immer weg. Sie können Sie (i. d. R.) nicht mehr zurückholen – allerdings sollten Sie diese Programmfunktion kennen.
- Alle, welche die E-Mail erhalten (Kunden, Kollegen, Chef), sind davon betroffen, werden sie lesen und reagieren müssen.

9 Achtung: Es gibt keine wirklich privaten E-Mails

Wenn Sie eine E-Mail senden, geht diese durch zahlreiche Netzwerke, bevor sie Ihren Empfänger erreicht.

- Mails lassen Kopien auf Servern zurück, auf die zugegriffen werden kann.

- Außerdem kann Ihre E-Mail vom Empfänger an Dritte weitergegeben werden.
- E-Mails lassen sich digital verschlüsseln. Das gewährleistet, dass die Nachricht unterwegs nicht verändert wurde und sie von niemandem außer dem Empfänger geöffnet wird.

10 Verwenden Sie die Regel-Funktionen

- Abwesenheitsregel: „Bin nicht im Büro." Diese Regel können Sie auch erweitern:
  - Weiterleitungen, wer optional bestimmte E-Mails automatisch erhalten soll
  - Bis wann Sie abwesend sind und was in dieser Zeit mit Ihren E-Mails passiert (werden unregelmäßig gelesen, werden nicht gelesen, ...)
  - wer Sie zwischenzeitlich vertritt
  - dass alle E-Mails automatisch gelöscht werden
  - wie Sie sonst zu erreichen sind

  Diese Antworten helfen in mehreren Aspekten:
  - Der Sender ruft die E-Mail zurück; sie haben keine veralteten E-Mails zu lesen.
  - Der Sender löst die Aufgabe anderweitig.
  - Der Sender fällt selbst eine Entscheidung.
- Ablageregel: „z. B. alles von xy in Unterordner xy". Der Posteingangskorb bleibt übersichtlich und das Verarbeiten der E-Mails braucht weniger Zeit.

11 Bleiben Sie streng beim Geschäftlichen

Trennen Sie geschäftliche von privater E-Mail. Ihre Privatsphäre ist im Geschäft nie geschützt und macht Sie angreifbar.

12 Seien Sie höflich, rücksichtsvoll und zeigen Sie sich verantwortlich beim Schreiben.

Die Kommunikation mit E-Mail wird oft informell gesehen und damit in der Wirkung unterschätzt. Denken Sie immer daran, dass Ihre E-Mails an wichtige Personen gehen: Chef, Kunden, potenzielle Kunden, Kollegen.

- Seien Sie höflich und antworten Sie fristgerecht.
- Eine Signatur in der E-Mail ist wichtig, damit die Empfänger mit Ihnen Kontakt aufnehmen können, sie macht einen professionellen Eindruck und identifiziert eindeutig Ihre Firma.
- Vor dem Versenden größerer Anhänge sollten Sie den Empfänger informieren oder komprimieren/zippen Sie Dateien.
- Geschäftliche E-Mails sollen weder zu Liebesbriefen noch Ärgertiraden werden.

13 Halten Sie den Computer Viren-, Würmer-, und Infektionsfrei

Stellen Sie sicher, dass Ihr Computer virenfrei ist um Beziehungen nicht unnötig zu Gefährden.
(Siehe z. B. unter www.chip.de oder www.computer-bild.de).

14 Seien Sie sich bewusst, was „An", „Cc" und „Bcc" bedeuten.

- „Bcc" signalisiert möglicherweise Vertrauensbruch.
- Gilt die Abmachung, dass nur „An" bearbeitet werden, werden „Cc" nicht mal gelesen.

15 Verwenden Sie auch privat seriöse E-Mail-Adressen

Was denken Sie, wenn Sie die Adresse Liebestraum@web.de bei Absendern lesen?

16 Setzen Sie bewusst und konsequent Filter ein

- automatische Zusendung von Newslettern ablehnen oder abbestellen
- SPAM-Filter einsetzen und die Absender von unerwünschten Nachrichten konsequent blockieren
- automatische Zusendung von Nachrichten abstellen

17 Schließen Sie Mails höflich und professionell ab

Der letzte Eindruck bleibt.

Handy und PDA zu Hause und im Beruf

Ziel des Mobiltelefons/PDAs ist die bessere Erreichbarkeit. Für ein aktives Selbstmanagement und zur Belastungsreduktion braucht es allerdings im privaten wie im beruflichen Einsatz einige Verhaltensregeln. Diese erscheinen vereinzelt trivial, dennoch ist Ärger in der Praxis häufig angesagt – aber aktiv die Dinge zu ändern, scheint anspruchsvoll. Wer den Umgang für sich selber nicht strukturiert, hat mit der modernen Technik neben dem Telefon als potenziellem Leistungsfresser plötzlich noch E-Mail, SMS und so weiter. Im Folgenden zeigen wir deshalb einige kritische Fragen im Umgang mit den Geräten auf und geben Antworten mit Empfehlungen.

Wie erreichbar muss ich sein?

Nicht immer, sondern zu bestimmten Zeiten, weil es sonst stressig wird und Beziehungen und Privatleben zerstört. Dabei helfen:

- Fixe Anrufzeiten (von ... bis).
- Gewisse Anzahl Stunden am Tag kanalisieren.
- Auch am Wochenende nur im Notfall – oder Check zu gewissen Zeiten.

Do's und don'ts von Handy/PDA

- Haben im Schlafzimmer nichts zu suchen.
- Sind nachts auf lautlos oder ausgeschaltet.
- Aktive Betriebszeiten für Arbeitstage und Wochenenden/Ferien, z.B. Arbeitsbeginn bis Arbeitsende oder 7 Uhr bis 20 Uhr.
- Es gibt klare Vereinbarungen mit dem Partner.
- Bleibt bei privaten Terminen (Essen, Kino usw.) zu Hause.
- Ist Hilfsmittel und nicht Nabelschnur zur Welt.

Muss ich jeden Anruf, jede SMS oder E-Mail sofort annehmen?

Nein, es sei denn Sie wollen immer und jederzeit everybody's Darling sein.

Wie oft rufe ich Nachrichten ab?

- Alle 2 oder 4 Stunden
- Einmal am Tag
- Immer um 12 Uhr und 17 Uhr

Wann schalte ich die Anrufweiterleitung ein?

- Während wichtiger Besprechungen.
- Bei Abwesenheit und gleichzeitigem Erwarten von wichtigen Anrufen.
- Ich schalte sie bei stillen Stunden ein.

Wann erledige ich Anrufe?

- Ich erledige Sie beim Bearbeiten der zugehörigen Aufgaben.
- Bei Vorplanung der Bearbeitungszeit von Akten können Telefontermine abgemacht werden.
- Zu fixen Telefonzeiten.
- Nur zu den Arbeitszeiten, an welchen am ehesten Geschäftspartner zu erreichen sind.

Was kann ich tun, dass der Rückruf erfolgreich wird?

Ich vermeide

- pauschale Aussagen wie „Bitten Sie ihn, mich zurückzurufen."
- Formulierungen wie „Dann rufe ich später noch einmal an." Wer sagt mir, dass ich dann erfolgreicher sein werde?

Ich formuliere folgendermaßen:

- „Ich bitte um Rückruf und bin von ... bis ... unter der Nummer erreichbar." Sie habe dann die Situation mehr unter Kontrolle.

Wann tätige ich Rückrufe?

Sofort nach Meldung des Anrufs oder zu fixen Zeiten.

Wann setze ich SMS ein?

Bei wichtigen Mitteilungen, wie Telefonnummern, Adressen oder Informationen über Anrufzeiten.

Gekonnt präsentieren und vortragen

Präsentationen und Vorträge laufen nach dem Prinzip der 1-Weg-Kommunikation ab: Sie senden Informationen an Ihre Zuhörer, die jedoch nicht direkt reagieren. Beispielsweise wollen Sie mit Ihrem Vortrag ein Produkt verkaufen und schildern den Anwesenden seine Vorteile. Umso mehr müssen Sie den Zuhörern, die in der „passiven" Rolle bleiben, einiges bieten: eine klare Argumentation, spannende Inhalte und natürlich – gute Unterhaltung! Sie sehen: Es hängt ganz von

Ihnen ab, ob die Zuhörer „dran bleiben" oder abschalten. Merken Sie sich: Als Vortragender haben Sie das Steuer in der Hand. Das bedeutet auch, dass Sie der Pilot sind, der Sicherheit vermitteln und Unsicherheit abbauen kann.

Wozu Präsentationen und Vorträge vorbereiten?

- Bei der Vorbereitung einer Präsentation oder eines Vortrags definieren Sie den roten Faden für Ihre Vorstellung. Der rote Faden hilft Ihnen bei der Präsentation im Sinne einer Stütze. Der rote Faden hilft auch den Zuhörern im Sinne von Klarheit und Übersichtlichkeit.
- Durch eine gute Vorbereitung Ihrer Präsentation können Sie ganz gezielt Nervosität abbauen. Nach der Vorbereitung ist absolut klar, was Ihre wesentliche Botschaft sein soll und welche Inhalte Ihre Präsentation vermittelt.
- Während der Vorbereitung stellen Sie Ihre Werkzeugkiste zusammen, die Sie mit in die Präsentation nehmen. Durch klare Ziele, eine gute Gliederung und visuelle Hilfsmittel überzeugen Sie Ihre Zuhörer und wirken als kompetenter Referent.

Wie gehen Sie vor?

1. Nehmen Sie sich die folgende Checkliste vor und überprüfen Sie Ihren Präsentationsstil.
2. Vor einer Präsentation: Nutzen Sie das Instrument zur Vorbereitung.

3 Nach einer Präsentation: Geben Sie sich selber Feedback und lassen Sie sich welches geben.

4 Üben, üben, üben. Bereiten Sie sich sauber vor, konzentrieren Sie sich auf wesentliche Punkte und nehmen Sie jede Chance wahr, vor anderen zu sprechen und zu präsentieren. Ihre Nervosität wird Ihnen selten jemand ansehen.

Checkliste: Anregungen zum Vortrag

Einleitung	✓
1 **Machen Sie Ihren Zuhörern als erstes klar, worum es geht:** ▪ Nennen Sie das Thema. ▪ Geben Sie eine Grobgliederung an. ▪ Weisen Sie auf den Sinn oder das (Lern-)Ziel hin.	
2 **Wecken Sie das Interesse Ihrer Zuhörer:** ▪ Nehmen Sie Bezug auf aktuelle Ereignisse. ▪ Weisen Sie auf Probleme hin. ▪ Bringen Sie praktische Beispiele. ▪ Kommen Sie aber möglichst bald zur Sache. ▪ Die Einleitung darf nicht zu lang sein. ▪ Fördern Sie die Aufmerksamkeit der Zuhörer durch Blickkontakt und lebhafte Sprechweise.	

Hauptteil	✓
3 Helfen Sie Ihren Zuhörern, die Gliederung des Stoffes zu erkennen: ▪ Nehmen Sie während des Vortrages auf die Grobgliederung Bezug und ergänzen Sie diese durch Unterpunkte. ▪ Nutzen Sie die Möglichkeiten zur akustischen Gliederung durch Betonung und Sprechpausen.	
4 Helfen Sie Ihren Zuhörern beim Verstehen und Einprägen wichtiger Punkte: ▪ Bevorzugen Sie Einfachheit in Wortwahl und Satzbau. ▪ Bemühen Sie sich um Prägnanz, um kurze, klare und verständliche Aussagen. ▪ Erklären Sie möglichst anschaulich und verwenden Sie Skizzen, Modelle, Statistiken, Tabellen, die übersichtlich und gut lesbar sind. Nutzen Sie möglichst mehrere Möglichkeiten zur Visualisierung. ▪ Heben Sie die Schwerpunkte akustisch hervor.	
Abschluss	
5 Kommen Sie am Ende zu einem überzeugenden Abschluss: ▪ Geben Sie bei längeren Darstellungen eine kurze Zusammenfassung (keine Wiederholung). ▪ Vermeiden Sie ein abruptes Abbrechen.	

Abschluss ✓

- Je nach Themenstellung
  - weisen Sie am Schluss auf Konsequenzen oder Nutzen bei der Anwendung hin,
  - richten Sie einen Appell an die Zuhörer oder
  - geben Sie einen Ausblick auf die mögliche Entwicklung in der Zukunft.

Rezepte gegen Lampenfieber

Lampenfieber ist die innere Unsicherheit vor einer Redesituation. Unsicherheit ist immer ein Symptom für etwas Ungeklärtes: Wer ist da? Welche Fragen kommen? Werde ich auseinander genommen? Mache ich mich ausreichend verständlich? Lampenfieber ist ein Signal für Überforderung.

Gesundes und schädigendes Lampenfieber

Lampenfieber kommt von innen. Schädigendes – disstressendes – Lampenfieber verschlechtert die Redeleistung. Es blockiert und lässt einen vor dem Publikum zittrig, dumm und inkompetent erscheinen. Ungesundes Lampenfieber ist die Hölle und wie eine innere Wand, gegen die ein Redner läuft.

Gesundes Lampenfieber ist der Motor einer guten Leistung. Gesundes – eustressiges – Lampenfieber treibt einen an, über sich selbst hinaus zu wachsen und die ganze Situation als Herausforderung zu begreifen. Daher ist es wichtig, dass Sie sich die Unsicherheitswand bewusst machen und Strategien entwickeln, damit Sie die Wand als eine zu überspringende Hürde angehen.

Wer sagt, er hätte vor Auftritten oder bestimmten Anlässen kein Lampenfieber, lügt – oder ist ein dermaßen kühler, berechnender und i. d. R. aalglatter Mensch, dass es keinen Spaß macht, sich mit ihm auseinander zu setzen.

Verlieren Sie nicht den Mut!

- Hemmungen sind kein Zeichen für mangelnde rednerische Begabung, wie Anfänger das oft befürchten. Hemmungen sind ein normales Durchgangsstadium auf dem Weg zum freien und mit Spaß erfüllten Reden!
- Lampenfieber ist eine Stressreaktion. Sie dürfen sie nicht negativ sehen, denn die Reaktion signalisiert Aktivierung. Allerdings gilt es, die Aktivierung nicht in eine Hemmung überschwappen zu lassen.
- Nur ein zu starkes Lampenfieber kann den Übergang vom Unbewussten (Speicher unseres Wissens) zum Bewusstsein (Sprechen) blockieren – aber dagegen kann man etwas tun!

Wozu Lampenfieber abbauen?

- Sie konzentrieren sich bei der Präsentation auf die Aufgabe und sind nicht noch zusätzlich mit sich selber beschäftigt.

- Sie schieben die Vorbereitung nicht ewig vor sich her. Durch die Vorbereitung über längere Zeit werden unangenehme Aspekte als kontrollierbar erlebt.
- Sie brauchen sich hinterher keine Vorwürfe zu machen, eine tiefere Vorbereitung und den Abbau des Lampenfiebers nicht probiert zu haben.

Wie gehen Sie vor?

Auch hier gilt: Die Kenntnis von Techniken und eigener Reaktionen ist die Voraussetzung für Erfolg.

Die beste Technik ist natürlich eine exzellente Vorbereitung. Ein Vortrag ist wie ein Langstreckenflug, welcher sorgfältig geplant, durchgeführt und nachgearbeitet wird.

Beachten Sie den Präsentationsplan:

Präsentationsplan	
1	Bereiten Sie sich gut vor. Ein richtiges Manuskript ist die erste Voraussetzung für Sicherheit – sogar, wenn man es nur in der Tasche hat. Oft hilft schon eine kurze Gliederung.
2	Entspannen Sie sich. Gut ausschlafen, einen Spaziergang machen, ein Hobby ausüben, nicht bis zuletzt pauken. Vor allem: Vorsicht mit Alkohol.
3	Nicht den Magen überlasten – lieber leichte Nahrung essen.

Präsentationsplan	
4	Selbstsuggestion ist erlaubt! Sagen Sie sich: „Ich habe den Hörern etwas Wichtiges mitzuteilen und ich kann es interessant vortragen."
5	Gehen Sie frühzeitig in den Veranstaltungsraum. Wenn möglich: Sehen Sie sich den Raum in Ruhe und alleine an. Stellen Sie sich z. B. vorne auf das Podium und sprechen Sie laut in den Raum hinein. Stellen Sie sich dann vor, wie Sie einzelne Personen vor sich ansehen werden.
6	Atmen Sie mehrmals tief durch, überprüfen Sie Ihre Haltung und dann legen Sie los! Entfalten Sie sofort Aktivität am Rednerpult (auf das man oft besser verzichtet). Setzen Sie Gestik ein und nehmen Sie Blickkontakt auf.
7	Sprechen Sie am Anfang betont langsam.
8	Wählen Sie eine natürliche Ausdrucksweise. Eine förmliche oder geschwollene Ausdrucksweise kommt nicht an.
9	Suchen Sie Kontakt und Rückkoppelung bei Ihren Hörern.
10	Bei Plenumspräsentationen: Wählen Sie sich (evtl. vor Rede beginn) eine Person in der ersten oder eine in der letzten Reihe aus und sprechen Sie diese gezielt an. Wählen Sie einen fixen Punkt etwas oberhalb der Personen in der letzten Reihe und sprechen Sie diesen Punkt an. Das hilft bei der Konzentration auf eine Sache.
11	Generell: Suchen Sie immer wieder Gelegenheiten zum Üben: bei kleinen privaten Festen; bei kleinen Aufgaben, die Vorgesetzte stellen.

Sicher auftreten vor einer Gruppe

Reden halten, präsentieren, eine Gruppe leiten: auch das sind Führungskompetenzen. Wie die fachliche Kompetenz müssen auch diese Fähigkeiten trainiert und verbessert werden. Sicher vor einer Gruppe auftreten zu können bedeutet, mittels klarer und kontrollierter Verhaltensweisen die eigene Botschaft an den oder die Adressaten zu bringen.

Warum ist sicheres Auftreten so wichtig?

Wer das eigene Auftreten überprüft, stellt sicher, dass es „ankommt". Die Überprüfung gilt für den neuen Redner: Er stellt sich mittels einer Checkliste auf die Situation ein und konzentriert sich auf für ihn wichtige Punkte. Das entlastet von der Unsicherheit, was jetzt eigentlich beim Auftreten vor einer Gruppe wichtig ist.

Dem geübten Redner hilft die Überprüfung, eingeschliffene Verhaltensweisen zu korrigieren und sich zu verbessern.

Wie gehen Sie vor?

1 Nutzen Sie die Checkliste

Mit Hilfe der Checkliste auf den folgenden Seiten bereiten Sie Ihr Auftreten vor: Sie nehmen sich ganz bestimmte Punkte vor, auf die Sie während Ihres Redens achten. Sehen Sie sich die Liste vorher immer wieder an.

- **Wenn Sie ungeübt sind:** Nehmen Sie sich nicht mehr als eine Verhaltensweise pro Kategorie vor. Sie verzetteln sich sonst und überlasten sich. Schreiben Sie sich evtl. in großen Buchstaben auf Ihr Manuskriptblatt auf jede Seite eine Verhaltensweise.

- **Wenn Sie geübt sind:** Sie konzentrieren sich nur auf wenige Verhaltensweisen, von denen Sie wissen, dass Sie sie ändern wollen. Sie legen sich die Liste neben Ihr Manuskript und arbeiten sich schrittweise von oben nach unten durch.

2 Nach dem Auftreten

Sie gehen die Liste für sich selber nochmals durch und überprüfen, wo Sie Schwachpunkte haben. Die sind dann der Input für das nächste Mal. Sie können auch eine Vertrauensperson bitten, Ihnen mittels dieser Checkliste Rückmeldung zu geben.

3 Im Alltag

Nehmen Sie sich immer wieder Punkte aus der Liste vor, an denen Sie arbeiten wollen. Der Alltag bietet immer wieder kleine Übungsgelegenheiten, die nicht so stressig sind. Es sind die kleinen Übungen, die den Meister machen!

Checkliste: Konzentration auf wenige Verhaltensweisen entstresst

Verhaltensweisen – Präsentation	✓
1 Körperhaltung und Körperbewegungen ▪ Blickkontakt suchen ▪ Gerade und unverknotete Körperhaltung zeigen ▪ Hände dem Gesprächspartner zeigen ▪ Muskelanspannungen durch kurze körperliche Belastung „abarbeiten“ ▪ Wenn Sie stehen müssen: auf beiden Füßen stehen ▪ Sich ruhig bewegen und nicht „tanzen“	
2 Stimme und Sprechweise ▪ Der Situation angemessene Lautstärke wählen ▪ Sprechtempo finden, das mitdenken lässt ▪ Pausen zum Nachdenken geben ▪ Klare Aussprache immer wieder üben ▪ Wenig Fachausdrücke und Fremdwörter verwenden	
3 Verhalten zum Gesprächspartner ▪ Sich in den anderen hineinfühlen ▪ Den anderen als Kommunikationspartner akzeptieren ▪ Versuchen, ihn zu verstehen ▪ Konsens suchen ▪ Ausreden lassen	

Verhaltensweisen – Präsentation	✓
▪ Aktiv zuhören ▪ Sie/ihn mit Namen ansprechen ▪ Tolerant und freundlich reagieren ▪ Klangfarbe und Wortwahl anpassen	
4 **Inhalt der eigenen Aussage verbessern** ▪ Innere Vorbereitung: wissen, was ich will ▪ Die Aussagen klar gliedern und strukturieren ▪ Konzentriert und von äußeren Umständen ungestört vorgehen ▪ Den roten Faden behalten ▪ Nach Themenabschluss: zusammenfassen	

Nutzen Sie visuelle Medien!

Gerade für die Arbeit mit Gruppen sind visuelle Medien sehr hilfreich: zum einen für die Zuhörer, zum anderen für Sie selbst:

- Visuelle Medien zwingen Sie Inhalte zu vereinfachen und klarer darzustellen. Diese Klarheit hilft Ihrer Zuhörerschaft. Wenn viel visuelle Information kommt, kann auch viel haften bleiben!
- Eine Präsentation ohne Visualisierung wird zu 80 % vergessen. Das Gedächtnis nimmt am besten über den visuellen Kanal auf.

- Visuelle Medien vereinfachen und entlasten das Gedächtnis. Ein Beispiel: Wenn Sie sieben Zahlen mit vier Stellen präsentieren und diese miteinander vergleichen, ist das Kurzzeitgedächtnis vieler überlastet. Visuelle Hilfen vereinfachen die Denkleistungen.

Was leisten visuelle Medien?

Sie unterstützen das gesprochene Wort, indem sie:

- einen bestimmten Punkt verdeutlichen
- Zeit sparen, weil sie das Wesentliche auf den Punkt bringen
- Interesse wecken
- dafür sorgen, dass sich die Zuhörer Wichtiges besser einprägen
- Ergebnisse sichern.

Welches visuelle Medium wähle ich?

Die folgende Liste hilft Ihnen, sich für das richtige Medium zu entscheiden.

+ Vorteile	– Nachteile
1 Flip-Chart	
▪ Vorbereitung/Wiederverwendung möglich. ▪ Mehrere fertige Charts können nebeneinander aufgehängt werden. ▪ Der Ständer ist leicht. ▪ Kleine Notizen auf dem Chart ersparen das Manuskript. ▪ Modern: Heute gibt es Geräte, die ein Fotoprotokoll machen.	▪ Korrekturen sind schwierig. ▪ Die Fläche des einzelnen Blattes ist begrenzt. ▪ Die Archivierung der Rollen ist umständlich. ▪ Verletzungsgefahr: Die Papierkanten sind scharf.
2 Beamer	
▪ Präsentation lässt sich ausdrucken. ▪ Folien lassen sich schrittweise aufdecken. ▪ Brilliante Farbgebung. ▪ Ablauf der Präsentation lässt sich einfach per Mausklick steuern.	▪ Abhängigkeit vom Stromnetz. ▪ Projektionsfläche erforderlich. ▪ Projektionsabstand und Raumhelligkeit müssen beachtet werden.

+ Vorteile	– Nachteile
▪ Digitalisierte Fotos und Filmsequenzen lassen sich einbinden. ▪ Der Vortragende behält den Blickkontakt zur Gruppe.	
3 Pinnwand	
▪ Alle Teilnehmer können aktiv mitwirken. ▪ Das gesammelte Material kann leicht geordnet und strukturiert werden. ▪ Ergänzungen und Korrekturen sind leicht möglich. ▪ Mit mehreren Tafeln können ganze Informationsstände aufgebaut werden. ▪ Notizen auf der Rückseite der Karten können das Manuskript ersetzen. ▪ Karten in verschiedenen Farben und Formen bieten viele Darstellungsmöglichkeiten.	▪ Zwang zum Telegrammstil, da die Karten wenig Platz bieten. (Das kann auch ein Vorteil sein!) ▪ Die Vorbereitung erfordert mehr Zeit als bei anderen Medien.

+ Vorteile	– Nachteile
4 Wandtafel	
▪ Preiswert ▪ Korrektur ist leicht möglich. ▪ Jedem aus der Schulzeit vertraut. ▪ Auch geeignet zum Anhängen von Papierbögen. ▪ Gut für schrittweise Entwicklung, bei der Teile gelöscht werden müssen.	▪ Kreide an Händen und Kleidung. ▪ Was abgelöscht ist, ist „weg". ▪ Verleitet zum flüchtigen Schreiben. ▪ Bei einigen weckt die Tafel unangenehme Erinnerungen an die Schule. ▪ Der Schreiber wendet der Gruppe den Rücken zu.

Welche Voraussetzungen gibt es für den Einsatz der Medien?

Bevor Sie visuelle Medien einsetzen, sollten Sie bestimmte Einflussfaktoren überprüfen, unter denen Ihre Besprechung oder Präsentation stattfindet. Die Ziele, Methoden oder Kosten für die Hilfsmittel müssen stimmen, sonst lohnt sich Ihr Einsatz nicht.

Ziele	Welchen Punkt will ich deutlich machen?
Methoden	Welche Hilfe wird mir die Verdeutlichung (Veranschaulichung) dieses Punktes bieten? Visuelle oder akustische, mechanische oder manuelle Methoden?
Kosten	Welche Ausgaben gibt es?
Zeit	Wie viel Vorbereitung brauche ich und wie ist das Kosten-/Nutzenverhältnis?
Situation	Wo und wie wird die räumliche Situation sein und werden die geplanten Hilfsmittel dort zur Geltung kommen?
Publikum	Welche Voraussagen kann ich über das Wissen und die Aufnahmefähigkeit des Publikums machen?

Wie gehen Sie vor?

1 Übung macht den Meister! Experimentieren Sie so weit wie möglich mit den verschiedensten Methoden.

2 Stellen Sie es sich zur Aufgabe, bei schwierigen Besprechungen immer eine andere Methode gut vorbereitet einzubringen.

Erfolgreich visualisieren

Wichtig ist auch, dass Sie beim Einsatz visueller Hilfsmittel folgende Punkte beachten:

Ziele:

- Überblick vermitteln
- Zusammenhänge darstellen
- Veranschaulichen, „optische Rhetorik" = 2. Kommunikationskanal
- Denkanstöße geben
- Lernen erleichtern
- Einprägen erleichtern
- Infos abrufbereit speichern
- Ablaufdarstellung bei Gruppenarbeiten
- Dokumentation von Ergebnissen

Methoden zur Darstellung von Zahlen, Mengen und Größenordnungen:

- Tabellen
- Matrix
- Skalen
- Koordinaten, Kurven, Diagramme (Stab, Fläche, Kreis)

Methoden zur Darstellung von Gliederungen und Beziehungen:

- „Baum"-Verzweigungen
- Organigramme
- Matrix

Visuelle Medien:

- Wandtafel
- Flip-Chart
- Beamer
- Pinnwand
- Diapositive
- Filme, Videoaufzeichnungen
- Modelle
- Ausgabenmaterial (Kopien) für Teilnehmer

Visuelle Medien:	
zur Darstellung von Abläufen und Prozessen:	
▪ Flow-Chart (Flussdiagramm)	▪ Netzpläne ▪ Skizzen
zur Strukturierung komplexer Problemfelder:	
▪ Metaplantechnik (Arbeit an Pinnwänden mit Packpapier und farbigen Kärtchen)	▪ Einsatz aller grafischen Elemente und Nutzung aller Kompositionsmöglichkeiten
Grafische Elemente:	
▪ Schrift ▪ Farben ▪ Linien	▪ Flächen/Formen ▪ Symbole
Komposition:	
▪ Flächenteilung ▪ Freiflächen ▪ Reihung	▪ Rhythmus ▪ Betonung ▪ Dynamik
Regeln:	
Lesbarkeit durch	
▪ Art und Größe der Schrift	▪ Strichstärke, Farbkontraste
Überschaubarkeit durch	
▪ begrenzte Informationsmenge	▪ Strukturierung, Gliederung ▪ Wichtiges hervorheben

Regeln:	
Verständlichkeit durch	
▪ gute Beschriftung	▪ schrittweisen Aufbau
▪ klare, präzise Begriffe	▪ anschauliche Darstellung
Ausbaufähigkeit durch	
▪ ausreichende Freiflächen	

Checkliste: Prinzipien bei der Verwendung visueller Hilfsmittel

Verhalten		✓
1	Komplizieren Sie als Präsentierender die Dinge nicht.	
2	Verwenden Sie klar verständliche Wörter und Symbole.	
3	Verwenden Sie Farben sparsam und sinnvoll.	
4	Achten Sie auf die Wirkung von Lichtverhältnissen und die Entfernung von Bild und Betrachter. Falls Schrift zum Einsatz kommt: Lesbarkeit (Schriftgröße!) prüfen.	
5	Verwenden Sie einfache Mittel, wenn diese den Zweck erfüllen.	
6	Vermeiden Sie zu lange Präsentationszeiten.	
7	Sorgen Sie für angepasste und verlässliche Präsentationsgeräte.	
8	Beim Einsatz von einem Beamer: immer wieder abschalten (Laufgeräusch stört, Helligkeit ermüdet).	

Wie steht es mit akustischen Hilfsmitteln?

Wenn Sie akustische Hilfsmittel verwenden, müssen Sie überlange Präsentationen auf jeden Fall vermeiden. Alles was mit Hilfe eines Tondbandes mitgeteilt wird, wird am besten aufgenommen, wenn es kurz und bündig ist. Der Hörer verliert in der Regel relativ schnell das Interesse, je nach Stoff schon nach 10 Minuten. Nicht vergessen werden sollte in diesem Zusammenhang, dass Menschen unterschiedliche Hörfähigkeiten haben. Hörschwierigkeiten sind gar nicht so selten. Deshalb muss sichergestellt werden, dass alle den Text hören können. Verwenden Sie nur die am besten geeigneten Hilfsmittel, damit Sie eine möglichst große Wirkung erzielen können.

Ein weiterer Aspekt, wie die besten Ergebnisse mit visuellen und akustischen Hilfsmitteln erzielt werden, ist zu wissen, wo, wann und wie sie zu verwenden sind: Bringen Sie sie mit den anderen Teilen Ihrer Präsentation in Einklang. Selbst eine optimal vorbereitete Hilfe wird versagen, wenn sie zur falschen Zeit verwendet wird.

Medien sind nur als Unterstützung von ganz bestimmten Punkten anzuwenden. Sie sind kein dramaturgisches Spielzeug, aber sie können ein dramaturgisches Mittel sein.

Wie Sie Ihren Arbeitsplatz perfekt organisieren

Arbeitshilfen, wie z. B. Ordner, Fax, Outlook oder andere „Hardware" nützen uns nur, wenn wir mit ihnen auch sinnvoll umgehen, d. h. wenn wir sie mittels bestimmter Verhaltensweisen beherrschen. Das beste Ordnungssystem bringt nichts, wenn sein Benutzer chaotisch ist und z. B. Briefe ohne Systematik irgendwo ablegt.

In diesem Kapitel erfahren Sie

- wie Sie Ihren Schreibtisch stets übersichtlich halten (S. 108) und
- wie Sie ein strukturiertes Ablagesystem aufbauen (S. 115).

Sorgen Sie für einen aufgeräumten Arbeitsplatz

Der Arbeitsplatz, ob im Büro oder zu Hause, ist der Ort, an dem Sie Ihrer Kernaufgabe nachgehen können und an dem es Spaß machen sollte zu arbeiten. Idealerweise ist der Arbeitsplatz nur von den Hilfsmitteln und technischen Unterstützungen (Bildschirm, PC) umgeben, die man tatsächlich braucht.

Der typische Arbeitsplatz sieht jedoch meist anders aus: Er enthält eine Reihe von Stapeln – alles Ablagen, die nicht strukturiert sind. In den Schränken finden sich verschiedene Ordner mit den unterschiedlichsten Themen und verschiedenen Zuordnungen. Möglicherweise gibt es auch noch auf Sideboards, am Boden und auf dem Fensterbrett, auf der Klimaanlage – oder wo sonst früher einmal eine freie Fläche war – eine Reihe von Vorgängen, Interessantem, Büchern, Prospekten und diesem und jenem.

Auf dem Schreibtisch türmen sich neben Telefon, Kalender und Büromaterial Ablagen von aktuellen Aufgaben, vermischt mit Briefen, Besprechungsnotizen, etc. Daneben liegen alte Unterlagen, Zeitschriften und Briefe. Gelbe Haftzettel kleben hier und da. Oder es stapeln sich verschiedene Aufgaben in Klarsichthüllen und Ablagekästen, die in sich unterschiedlich hohe und niedrige Prioritäten bergen. Darunter viel Material, das „eigentlich" schon längst in den Abfallkorb gehört.

Auch die Ordner in den Schränken quellen oft über. Mit Unterlagen von Personen, die schon gar nicht mehr im Unternehmen, oder mit Dokumentationen von Aufgaben, die schon lange erledigt sind.

Potenziert wird diese Unübersichtlichkeit noch dadurch, dass das papierlose Büro in der Regel zu noch mehr Papier führt. Meiden Sie unbedingt die Verhaltensweise, Mails, Präsentationen, Briefe etc. zur Sicherheit oder einfach, weil man das schon immer so gemacht hat, auszudrucken, denn das hat eine ungeordnete Papierflut zur Folge.

Jedenfalls erfordert es viel zusätzlichen Zeitaufwand, das Chaos in der eigenen Ablage zu bereinigen. Häufig scheinen auch inneres und äußeres Chaos zusammenzuhängen. Wer sich daher über seine Prioritäten und Ziele Klarheit verschafft, tut sich leichter, auch für Klarheit an seinem Arbeitsplatz zu sorgen.

Was tun, wenn es unübersichtlich wird?

Bei solchen „historisch gewachsenen" Ablagen bekommen viele regelmäßig ihren „Aufräumanfall", meist vor dem Urlaub, vor Weihnachten oder Silvester. Dann wird zwar viel weggeschmissen – aber machen Sie sich nichts vor: Es dauert nur kurze Zeit, und schon beginnen die Stapel wieder von neuem zu wachsen. Die Hauptursache ist, dass es eben kein Ordnungssystem gibt, das laufend die hereinströmenden Informationen von ganz alleine sortiert. Also müssen wir es selbst tun!

Eine einfache Erklärung für unser Verhalten des „Nicht-Wegschmeißen-Könnens" ist wohl das archaische Jäger- und

Sammlerverhalten. Unsere Vorfahren – bis nach dem Krieg – überlebten nur, wenn sie fleißig sammelten und Wiederverwertbares aufhoben. Nur haben sich die Zeiten inzwischen geändert. Eine unsystematische Vorratshaltung von Papier und Daten führt jedenfalls zu einer immer größer werdenden „Vermüllung".

Es gibt zwei sinnvolle Maßnahmen, die Sie ergreifen und auch langfristig durchhalten sollten:

- Unbrauchbares sollten Sie regelmäßig entsorgen.
- Räumen Sie Ihren Schreibtisch und Ihren Arbeitsplatz konsequent auf.

Welche Vorteile haben ein übersichtlicher Arbeitsplatz und Schreibtisch?

Ein überquellender Schreibtisch ist ein Hort der Ablenkung. Wenn Aufgaben einmal angefangen sind, springt einem natürlich irgendwann prompt die nächste ins Auge. Es ist dann ein leichtes, den gerade bearbeiteten Vorgang hinzulegen und einen neuen, lustvolleren zu beginnen. Dies geht jedoch auf Kosten der Effizienz (siehe auch Kapitel „Leistungsfresser", S. 59.)

Es hat also durchaus Sinn, auf dem Schreibtisch Ordnung zu schaffen:

- Ein aufgeräumter Schreibtisch verhindert Ablenkungen.
- Ein aufgeräumter Schreibtisch führt zu weniger innerem Druck („Ich müsste eigentlich noch dieses und jenes tun.").

Man sieht nicht laufend „diffus unerledigte" Sachen rumliegen.

- Ein aufgeräumter Schreibtisch verhindert, dass man Aufgaben anfasst, sie aber möglicherweise gleich wieder weglegt.
- Ein aufgeräumter Schreibtisch verhindert auch, dass man verschiedene Aufgaben gleichzeitig, je nach Lust und Laune, bearbeitet und dadurch viel Zeit verliert.

Eine Prioritätenliste und ein aufgeräumter Schreibtisch unterstützen das Abarbeiten der wirklich wichtigen Aufgaben.

Wie gehen Sie vor?

Doch wie kommt man zu einem dauerhaft aufgeräumten Schreibtisch bzw. Arbeitsplatz?

1 Schaffen Sie günstige Voraussetzungen für die „Aufräumarbeiten":
  - Reservieren Sie für die erste Aktion mindestes zwei bis vier Stunden Zeit.
  - Nehmen Sie sich vor, die ganze Aufgabe in einem Zug zu lösen. Sie müssen sich fest entschließen, diese Aufgabe ein für alle Mal zu lösen und den Arbeitsplatz komplett aufzuräumen. Erlauben Sie sich keinesfalls irgendwelche Nischen.
  - Weiter müssen Sie sich vornehmen, die neue Struktur des Arbeitsplatzes mindestens vier Wochen durchzuhalten.

- Jeden Abend müssen Sie mit sich selber abmachen, ca. fünf Minuten Zeit in das nochmalige Aufräumen zu investieren. Sie müssen bereit sein, am Anfang etwas mehr Zeit aufzuwenden.
- Holen Sie sich Verbündete: Möglicherweise hilft Ihnen eine Kollegin/ein Kollege bei dieser Aufgabe. Wenn Sie zu zweit aufräumen, fällt die Wegwerfentscheidung oft leichter.

2 Sie fangen an einer Stelle, z. B. links oben an, und gehen Stapel für Stapel und Bündel für Bündel durch. Klären Sie, ob Sie diesen Stapel wirklich täglich brauchen. Wenn Sie den ganzen Stapel wirklich täglich brauchen (z. B. die aktuellen Vorgänge), überlegen und entscheiden Sie, ob er bei Ihnen liegen muss. Möglicherweise können Sie diesen Vorgang auch so lange im Posteingangskorb, im Sekretariat oder in einem Hängeschrank lassen, bis Sie ihn brauchen.

3 Wenn Sie auf Papiere, Zeitschriften oder Vorgänge stoßen, die Sie nie gelesen haben und auch nicht weiter verwenden, dann werfen Sie sie einfach weg. Werfen Sie alles weg, was Sie im vergangenen Zeitraum von vier Wochen nicht verwendet haben. Sie werden im ersten Moment natürlich sagen, dass das nicht geht und dass man ja nicht weiß, ob man das Papier nicht doch noch einmal braucht. Seien Sie einfach ehrlich zu sich selber: Nutzen Sie das, was Sie in der Hand halten, wirklich?

4 Sie kommen dann auch an den Punkt, wo Sie auf Papiere und Vorgänge aufmerksam werden, die sie noch brauchen. Und stellen womöglich fest, dass Sie keine dafür strukturierte Ablage haben. An diesem Punkt könnten Sie an die Gestaltung Ihres Ablagesystems gehen, was Sie sicherlich ein bis zwei Stunden in Anspruch nehmen wird. Wie Sie diese Aufgabe lösen, steht im folgenden Kapitel.

Ein Trick noch zum Abschluss: Wenn Sie unsicher sind, ob Sie etwas nicht doch noch brauchen, empfiehlt sich die Monatskiste: Im September z. B. schmeißen Sie alles in eine Kiste, was als „Wegwerfkandidat" in Frage kommt. Was Sie davon im Laufe der Zeit nicht dringend benötigen und herausgeholt haben, brauchen Sie tatsächlich nicht. Schmeißen Sie dann am 31. Oktober den gesamten Inhalt unbesehen weg. Unbesehen deshalb, um nicht doch wieder schwach zu werden.

Ein Hinweis: Wenn Sie in der nächsten Zeit nicht mindestens 3-4 mal etwas suchen, was Sie hatten, fahren Sie immer noch mit übergroßer Vorratshaltung. Sie bunkern mehr als Sie brauchen. Sie haben das Ziel, Unbrauchbares konsequent wegzuwerfen, noch nicht erreicht.

Checkliste: Wie gut ist Ihr Arbeitsplatz organisiert?

Test	Ja	Nein
1 Kommen Vorgänge durcheinander, wenn Sie Ihren Schreibtisch schnell aufräumen?	❑	❑
2 Stapelt sich Papier auf Ihrem Schreibtisch?	❑	❑
3 Wachsen die Papierstapel?	❑	❑
4 Bewegen Sie diese Papierstapel häufig hin und her, um das Gesuchte zu finden?	❑	❑
5 Liegen Vorgänge unsortiert auf Ihrem Schreibtisch?	❑	❑
6 Suchen Sie manchmal vor einer Reise Fahrkarten, Flugscheine, Hotelreservierungen oder wichtige Unterlagen im letzten Moment zusammen?	❑	❑
7 Kommt es vor, dass Sie bei Sitzungen oder Bespre chungen wichtige Notizen nicht zur Hand haben?	❑	❑
8 Sind Ihnen schon mal Elemente oder Details Ihrer Projekte „entschlüpft"?	❑	❑
9 Suchen Sie ab und zu nach Rechnungen oder anderen Belegen?	❑	❑

Auflösung

0 x Ja: Herzlichen Glückwunsch! Sie führen Ihren Schreibtisch mustergültig.

1 x Ja: Kümmern Sie sich um diesen Punkt. Machen Sie einen Aktionsplan, wie Sie dieses Problem zukünftig vermeiden.

2 x Ja: Planen Sie Zeit ein, um auf Ihrem Schreibtisch „klar Schiff" zu machen.

Ab 3 x Ja: Sofortige Aktion ist notwendig!

Das Ablagesystem nach Maß

Das Ablagesystem hilft, sich einen Überblick über gespeicherte Informationen in schriftlicher und bildlicher Form oder über ein sonstiges Medium zu verschaffen. Ein Ablagesystem sollte jeder für sich definieren und darin nur die Dokumente aufbewahren, die für die Bearbeitung der eigenen Aufgaben notwendig sind.

> Typisch für ein nicht-funktionierendes Ablagesystem ist z. B., dass bei einem Umzug ein Rest an Unterlagen am alten Ort bleibt. Und später weiß niemand mehr, was damit gemacht werden soll.

Es fällt immer wieder auf, dass viele Ablagesysteme unsystematisch aufgebaut sind. Sie sind in der Regel historisch gewachsen. Beispielsweise ist das Ablagesystem im Computer anders organisiert als im Ordner. Das führt zu unterschiedlichem Ablageverhalten, zu Doppelführungen und damit zur Verwirrung. Zum Teil ist die Ablage chronologisch organisiert, zum Teil alphabetisch. Dann gibt es wieder themenbezogene Informationsablagen. Manchmal ist der Nutzen unklar, und auch, ob die Dokumente jemals wieder gebraucht werden. Daraus entsteht eine Unmenge an unsystematisch archivierten Dokumenten.

Das Chaos im PC ist zwar nicht sichtbar, aber doch vorhanden. Dort ist es nach ca. drei bis fünf Jahren fast unmöglich, bestimmte Texte, Tabellen, Präsentationen auf Anhieb zu finden. Viel Zeit wird mit Suchen verschwendet. Die Verhaltensweise, spontan Ordner, Unterordner und nochmals Unterordner auf dem Rechner zu schaffen und nach Bedarf alles darin abzuspeichern, führt früher oder später zu einer vollen Festplatte, zumindest aber zum Qualitätsverlust, weil nicht mehr transparent ist, welche Informationen überhaupt verfügbar sind und welche Informationen systematisch wohin gehören.

Gerade im Computer wird zwar fleißig abgelegt, aber nie bzw. sehr selten die komplette Ablage durchgesehen und Unnötiges entsorgt.

Gesteigert wird dieses Problem für die Nutzer von Intranet und Internet, weil dort die Möglichkeiten von Informationssammlung schier unbegrenzt scheinen – aber die Möglichkeit, die Informationen zu ordnen, selten wahrgenommen wird (etwa durch ein Favoritensystem).

Welchen Nutzen hat eine strukturierte Ablage?

Die Vorteile einer strukturierten Ablage liegen auf der Hand:

- Informationen können schnell eingeordnet und wieder aufgefunden werden.
- Man erhält einen schnellen Überblick über alle Informationen.
- Stellvertreter, die Aufgaben übernehmen müssen, finden sich leichter zurecht.
- Fairness: Ein klares Ablagesystem hilft anderen Kollegen Inhalte schneller zu finden.
- Überblick: Als Projektleiter/Vorgesetzte kann man das Ganze besser im Auge behalten; damit wird die Ablage zum Führungsinstrument.
- Der physische Raumbedarf wird in Grenzen gehalten.
- Eine dünne Ablage sammelt weniger Papier und damit weniger Staub an. Damit werden Pantoffeltierchen und Schädlinge gering gehalten und die gesundheitliche Belastung verringert sich.

Wie wird eine Ablage aufgebaut?

1. Analysieren Sie die eigenen Kernaufgaben.
2. Bilden Sie dann Blöcke, und zwar nicht mehr als 10 Hauptblöcke. Beispiele für Hauptblöcke könnten Kunden, Lieferanten, Produkte, Projekte, Werkzeuge, Mitarbeiter oder Verantwortungsbereiche sein.

3 Wenn Sie die Hauptblöcke identifiziert haben, bilden Sie Unterstrukturen. Eine mögliche Unterstruktur bildet die alphabetische Ordnung von A – Z, eine weitere die chronologische Sortierung.

Eine Möglichkeit die Hauptblöcke zu identifizieren, zeigt das folgende Beispiel:

Beispiel

Sie erhalten von Lieferanten bestimmte Dienstleistungen oder Produkte. Somit ist die erste Hauptgruppe die der Lieferanten – von A bis Z. Die zweite Hauptgruppe ist das, was Sie an verschiedenen Dienstleistungen oder Produkten erhalten. Dann können diese Produkte in einer weiteren Hauptgruppe alphabetisch kategorisiert werden. Sie selber veredeln diese Produkte, arbeiten also mit diesen Produkten mittels bestimmter Werkzeuge. Diese Werkzeuge können nun selbst wieder kategorisiert werden. Eine nächste Hauptgruppe sind Ihre Mitarbeiter. Schließlich geben Sie die Produkte an jemanden weiter – die nächste Hauptgruppe wären also die Kunden. Eine weitere Hauptgruppe bilden die unterschiedlichen Informationsquellen und Informationen, die das Unternehmen an Sie heranträgt. Es könnten dies auch Besprechungsrunden innerhalb Ihrer Organisation sein, die nicht direkt an Ihre Aufgaben gebunden sind.

Wie sehen die Unterkategorien aus? Wenn Sie z. B. in Projekten arbeiten, könnten Sie diese wiederum

- nach Name alphabetisch oder
- nach Datum chronologisch ordnen.

Eine weitere Unterstruktur bei Projekten wäre der Projektablauf. Er setzt sich möglicherweise aus den Meilensteinen Vorstudie, Hauptstudie, Programmierung, Test und Übergabe an die Linie zusammen. Möglicherweise wiederholt sich dieser Ablauf immer wieder. Manchmal fehlen auch bestimmte Elemente, dann bleiben diese Unterordner einfach leer.

Beispiele für Ablagestrukturen

Der Aufbau der Ablage einer Führungskraft kann sich etwa nach deren Aufgaben richten:

- Mitarbeiter
  - Einstellung
  - Kündigung
  - Entwicklung
    Zielvereinbarung
  - Leistungsbeurteilung
  - Ausbildung
- Pläne und Reporting
  - Monat
  - Quartal
  - Jahr
- Fachaufgaben, z. B. Projekte
  - nach Projektstufen
  - Vorstudie
  - Konzept
  - Realisierung
  - Test
  - Einführung
- Weitere administrative Infos (Prüfen, ob überhaupt abgelegt werden muss?)
  - spezielle Themen
  - ...

Wenn Sie mehrere Mitarbeiter, Fachaufgaben und Projekte haben, dann ordnen Sie diese alphabetisch oder chronologisch. Das erleichtert die Identifikation.

Für einen **Berater** stellt sich die Systematik z. B. wie folgt dar:

Produkte	
Produkt A	**Produkt B**
▪ Instrumente	▪ Instrumente
▪ Tests	▪ Tests
▪ Teilnehmerunterlagen Spiele Konzeptionen	▪ Teilnehmerunterlagen Spiele Konzeptionen
Kunden	
Kunde A	**Kunde B**
▪ Verträge Schriftwechsel	▪ Verträge Schriftwechsel
▪ Abmachungen und Konditionen	▪ Abmachungen und Konditionen
Lieferanten	
Lieferant A	**Lieferant B**
▪ Verträge	▪ Verträge
▪ Schriftwechsel	▪ Schriftwechsel
▪ Abmachungen und Konditionen	▪ Abmachungen und Konditionen
▪ Produktinformation	▪ Produktinformation

Von Ablageformen und Hilfsmitteln

Dann gilt es, die richtige Ablageform auszuwählen. Die Auswahl richtet sich nach den betrieblichen Gegebenheiten. Dabei gilt das Prinzip, dass Sie sich möglichst auf eine Ablageform einigen.

Möglich sind folgende Ablageformen:

- Ringordner
- Hängemappe
- Ablagekästen
- Wiedervorlage-/Arbeitsmappen (1-31; A-Z; 1-7, etc.)
- Schnellhefter
- Karteikasten
- Elektronische Systeme (E-Dokumente, Datenbanken, elektronische Archive).

Arbeitshilfen werden täglich benutzt. Dazu zählen Instrumente, Papiere oder elektronische Geräte. Sie helfen den täglichen Arbeitsablauf technisch zu unterstützen. Es gibt dabei unserer Ansicht nach nicht das universelle Instrument. Wir unterscheiden zwischen solchen, die der eigenen Arbeitssituation und den persönlichen Neigungen entsprechen und solchen, die es nicht tun. Wichtig ist, dass die Instrumente auch zu einem selbst passen. Wer beispielsweise noch Mühe mit der Elektronik hat und sie ablehnt, braucht entsprechende andere Mittel in reiner Papierform.

- Bei Papier empfiehlt es sich, mit Hängeregistraturen zu arbeiten: der Nutzen ist der schnelle Zugriff. Blöcke bleiben übersichtlich und klein, eignen sich aber nicht gut zur Archivierung. Die Mappe kann gut mitgenommen werden. Ordner muss man bei großem Volumen immer als Ganzes aufmachen, was länger dauert, als eine Mappe zu öffnen.
- Nicht jede Ablageform eignet sich für jedes Dokument. Zum Beispiel ist es sinnvoll, für die Ablage von Rechnungen oder Lieferscheinen etc. eine Form zu wählen, bei der Sie die Dokumente einheften können. Für die Ablage von Prospekten oder Produktproben ist es sinnvoll eine Form zu wählen, in der Sie verschiedene Formate ablegen können.

Einige abschließende Tipps:
Lassen Sie sich erst verschiedene Ablageformen zeigen und entscheiden Sie sich dann für das passende System. Überlegen Sie auch, welche Softwareanwendungen (etwa MS Project, Intranet) das gesamte Datenmanagement in Ihrem Unternehmen unterstützen können. Bei der Frage nach der Archivierung wichtiger Dokumente empfiehlt es sich, nach einer einheitlichen Lösung für das ganze Unternehmen zu suchen.

Epilog

Sie haben beim Durcharbeiten erste Schritte in einem Prozess gemacht. Hören Sie jetzt bitte nicht auf!

Wenn Sie das Gefühl hatten, an diesem oder jenem Punkt steckt eine Wahrheit dahinter, arbeiten Sie genau hieran! Sie haben das Problem erkannt. Machen Sie den nächsten Schritt. Wie sieht die Lösung aus? Bis wann soll das Problem gelöst sein? Seien Sie konsequent, bis Sie in diesem Selbstmanagement-Bereich eine Routine entwickelt haben. Und dann machen Sie am nächsten kritischen Punkt weiter. Setzen Sie auch hier die Prioritätenliste ein.

Arbeiten Sie nicht nur „irgendwie" an sich – also womöglich nur dort, wo es gerade besonders leicht fällt. Tun Sie es mit ganz konkreter Zielsetzung und mit ganz konkreten Hilfsmitteln. Lassen Sie sich nicht ablenken!

Wenn etwas schief geht oder nicht auf Anhieb klappt, verzweifeln Sie nicht. Sicher wissen Sie dann auch schon, woran es gelegen hat und wo Sie ansetzen müssen. Und freuen Sie sich, wenn Sie langsam so manches in Ihrem Arbeitsalltag besser in den Griff bekommen.

Wir wünschen Ihnen

- die Weisheit, zurückzublicken und die Vergangenheit zu verstehen;
- die Offenheit und Freude, die Gegenwart aufzunehmen,
- und die Geduld mit sich selber, das Erkannte mit Mut und Kraft im Vorwärtsgehen umzusetzen.

Entscheiden Sie jetzt über Ihre nächsten konkreten Schritte!

Teil 2: Training Selbstmanagement

Das ist Ihr Nutzen

Stellen Sie sich jemanden vor, der ein erfülltes und erfolgreiches Leben führt, Spaß an der Arbeit hat, Freude mit Partner und Kindern erlebt, jeden Morgen mit Elan aus dem Bett hüpft und motiviert den Tag gestaltet, den Feierabend genießt, tief und erholt schläft, mit einem Lächeln auf den Lippen aufwacht und den neuen Tag begrüßt. „Hat dieser Mensch zu viel Werbung geschaut?", werden Sie sich vielleicht jetzt fragen. Nein, das bestimmt nicht – er übt sich „nur" in Selbstmanagement!

Unter „Management" versteht man zweierlei: Zum einen die lenkenden Organe eines Unternehmens, andererseits auch alle Aufgaben und damit verbundenen Fähigkeiten, die zur Bewältigung der Leitungsaufgaben eines Unternehmens nötig sind. Letzteres wird heute jedoch nicht mehr nur auf die Leitungsebene eines Unternehmens bezogen, sondern auch auf viele Arbeitsplätze und die Arbeitstechniken, die die Anforderungen des Arbeitsplatzes bewältigen helfen. Das Konzept des Selbst wiederum fasst die bewussten und unbewussten Aspekte der Persönlichkeit als wahrnehmbare Struktur und als handelnde „Akteure" zusammen. Damit wird deutlich, dass Führender und Geführter in einer Person zusammenfallen, wenn Selbstmanagement als „Führen des Selbst" interpretiert wird. Selbstmanagement hat also mit dem ganzen Menschen und seinem Lebensumfeld zu tun, mit dem Privat- und Berufsleben – und dies ist auch die Perspektive dieses TaschenGuides.

Aspekte des Selbst entdecken

In diesem Kapitel lernen Sie mehr darüber,

- was Erfolg für Sie bedeutet,
- welche Faktoren Ihre Art des Selbstmanagements beeinflussen,
- welchen Einfluss Ihre eigene Wahrnehmung auf Sie hat.

Darum geht es in der Praxis

Effizientem Selbstmanagement geht eine intensive Bestandsaufnahme der wesentlichen Lebensbereiche eines Menschen voraus. Die so genannte Work-Life-Balance, die sich (wahrscheinlich) daraus ergibt, beruht auf dem gefühlten, nicht auf dem mathematischen Gleichgewicht zwischen Tun, Körper, Sein und Sinn. Diesen vier tragenden Säulen sind deshalb die folgenden Kapitel dieses TaschenGuides gewidmet.

Der Betrachtung der vier Bereiche ist dieses erste Kapitel vorangestellt. Da ja, wie bereits erläutert, „das Führen des Selbst" Ziel des Selbstmanagements und Thema des Buches ist, erscheint es sinnvoll, einige für das Selbstmanagement relevante Aspekte etwas näher zu beleuchten. Dabei ist dieses Kapitel nicht als Persönlichkeitstest gedacht – denn was hätten Sie davon zu wissen, dass Sie Typ X oder Y sind? Lassen Sie uns daher eine andere Perspektive einnehmen: nämlich die des Entdeckers! Betreten Sie den Kontinent Ihres Selbst wie ein weitgehend unbekanntes Land und entdecken Sie es wieder oder neu. Beobachten Sie sich z. B. dabei, wie Sie einen Wunsch im inneren Dialog diskutieren. Welche Gefühle löst das bei Ihnen aus? Welche Kraft entsteht oder schwindet?

Dann stellen Sie sich die Frage, in welcher Situation diese Vorgehensweise genau die richtige für Sie sein könnte. Machen Sie sich selbst zum Forschungsobjekt und nehmen Sie sich unter die Lupe, klären Sie Ihre Themen und legen Sie so das Fundament für ein erfolgreiches Selbstmanagement.

Wo stehen Sie jetzt?

Ein Ziel stecken

Übung 1

5 min

Um einen möglichst großen Nutzen aus der Lektüre und den Übungen ziehen zu können, sollten Sie zunächst klären, welche Erwartungen Sie an dieses Buch haben. Da Ihre Aufmerksamkeit durch Ihr Interesse gelenkt wird, gehen Sie an die Arbeit, indem Sie sich überlegen, welchen Zweck Sie mit diesem Buch verfolgen.

Wollen Sie

- sich über Selbstmanagement informieren?
- Ihr Wissen zum Thema erweitern?
- bestimmte Ziele erreichen
- die Balance Ihrer Lebensbereiche verbessern?
- neue Ideen oder Ziele entwickeln?

Ich lese dieses Buch, weil

____

____

____

____

Lösung

Natürlich gibt es für diese Übung nur individuelle Antworten. Entscheidend ist, dass Sie sich auf Ihre Absicht(en) fokussieren. Dadurch geben Sie Ihrer Beschäftigung mit sich selbst eine Zielrichtung und kommen schneller zum Erfolg.

Praxistipps

- Selbstmanagement ist keine Aufgabe, die sich ad hoc lösen lässt, sondern eher ein Prozess. Haben Sie Lust, tiefer einzusteigen? Dann legen Sie sich als Ergänzung zum TaschenGuide ein Notizbuch zu. Erfassen Sie darin Ihre Übungsergebnisse in Text- oder Mind-Map-Form. Beginnen Sie noch während der Lektüre und führen Sie es als „Selbstmanagementagenda" auch nach dem Abschluss Ihrer Arbeit mit dem TaschenGuide weiter.
- Verfassen Sie nicht nur Texte oder Listen. Wesentlich assoziativer und kreativer sind Mind Maps. Diese „Gedanken-Landkarten" führen Sie nicht nur zu vielfältigeren, detaillierteren Antworten, sondern auch zu dem einen oder anderen Aha-Erlebnis. Mind Maps helfen Ihnen, Ihr Selbstmanagement zu verbessern.

  Hinweis: Eine praktische Einführung, wie Sie „Gedankenlandkarten" erstellen und einsetzen können, bietet der TaschenGuide „Mind Mapping".

Sich selbst organisieren

Übung 2
10 min

Die Basis für erfolgreiches Selbstmanagement ist ein funktionierendes „Zeitmanagement“: eigentlich eine falsche Bezeichnung, denn Zeit lässt sich nicht managen. Sie können nur beeinflussen, was Sie mit ihr anfangen, wie Sie sie gestalten und erleben. Zeitmanagement ist im Idealfall eine individuelle Antwort auf allgemeine organisatorische Anforderungen sowie berufliche und private Herausforderungen.

Wie organisiere ich meine Termine?

____

____

Wie und wo verwalte ich meine Adressen?

____

____

Aufgaben sind zu priorisieren und zu terminieren. Wie habe ich dies organisiert?

____

____

Wie strukturiere und bewältige ich eingehende Informationen (z. B. Briefpost, Mails, Zeitschriften)?

____

____

Wie organisiere ich meine Ideen?

____

____

Versuchen Sie doch einmal etwas Neues: Erstellen Sie einen Überblick über Ihre Selbst- und Zeitmanagementhilfsmittel in Form einer Mind Map.

Hier haben Sie Platz, um die Mind Map zu zeichnen:

Lösung

Beispiel für eine Lösung der Aufgabe in Mind-Map-Form:

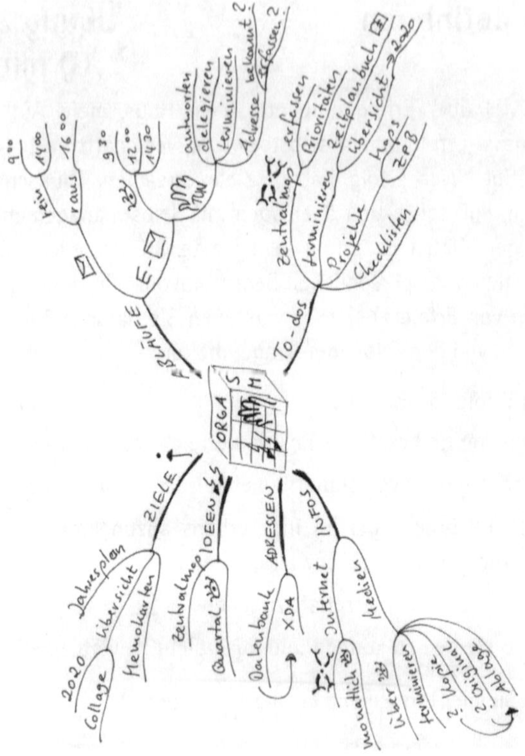

Praxistipp

Lassen Sie sich nicht von Ihrem Terminplan beherrschen: Selbstmanagement beginnt in dem Moment, in dem Sie mehr Termine für Ihre Prioritäten setzen und weniger Prioritäten für Ihre Termine.

Selbstmanagement und Erfolg

Erfolg definieren

Übung 3

10 min

Es wird viel über Erfolg geredet: „Mein Haus, mein Auto, mein Boot ..." Erfolg macht selbstbewusst, verschafft Vorteile und Prestige. Wer Erfolg haben, Ziele erreichen, Wünsche realisieren will, sollte sich aber auch mit Selbstmanagement beschäftigen. Dabei ist Erfolg keine feste Größe: Jeder von uns hat einen ganz persönlichen Begriff davon. Wie sieht Ihre Definition von Erfolg aus? Was verstehen Sie darunter? Lassen Sie sich von den folgenden Fragen helfen:

Bedeutet Erfolg für mich,

- eine bestimmte berufliche Position erreicht zu haben?
- ein Monatsgehalt von soundso viel Euro zu bekommen?
- alle Herausforderungen meines Lebens anzunehmen und so gut wie möglich zu bewältigen?
- eine glückliche Partnerschaft zu leben?
- mir treu bleiben zu können und mich nicht zu verbiegen?

Notieren Sie hier Ihre eigene Erfolgsdefinition:

____

____

____

Lösung

Wie auch immer Ihre persönliche Antwort lautet: Eine eigene Erfolgsdefinition macht Sie freier und unabhängiger von den Urteilen anderer und von gesellschaftlichen Kriterien. Sie stärken damit Ihr Selbstvertrauen und Ihre Motivation und stellen sicher, dass Sie nicht die falschen Ziele verfolgen.

Praxistipps

Folgende Erfolgsdefinition habe ich bei einem Zeitplanbuchhersteller gefunden und etwas verändert:

$$\text{Erfolg} = \frac{\text{Wünsche/Ziele x Aufmerksamkeit x Disposition}}{\text{innere Blockaden x äußere Grenzen}}$$

- Aufmerksamkeit ist hier der Grad des geistigen, emotionalen, zeitlichen oder auch finanziellen Aufwands, den Sie für Wünsche oder Ziele investieren.
- Disposition drückt aus, wie gut das Ziel zu den vorhandenen Stärken passt.
- Innere Blockaden sind Überzeugungen, Glaubenssätze oder Emotionen, die Sie behindern.
- Äußere Grenzen werden von Rahmenbedingungen gesetzt, die Sie real oder scheinbar behindern.

Auf dem Weg zum Erfolg können Sie jeden Parameter verändern. Da es sich um einen Quotienten handelt, kann es effizienter sein, einen Parameter im Nenner zu verringern, als ständig die Komponenten des Zählers zu erhöhen.

Faktoren, die Ihr Selbstmanagement beeinflussen

Persönliche Zeitorientierung

Übung 4
10 min

Unabhängig von der Tatsache, dass das Leben immer in der Gegenwart stattfindet, hat jeder Mensch eine bevorzugte Zeitorientierung. Damit ist eine grundsätzliche Affinität zu einem der drei Zeitbereiche Vergangenheit, Gegenwart und Zukunft gemeint. Sie hat direkten Einfluss auf das persönliche Selbstmanagement.

Sie kommen Ihrer Orientierung auf die Spur, indem Sie die für Sie zutreffenden Aussagen ankreuzen:

1 Wenn meine soziale Sicherheit gefährdet ist, mache ich mir große Sorgen.	
2 Ich mache mir meist nur Sorgen über Dinge, die sofortiges Handeln erfordern.	
3 Ich sorge mich häufig um die Zukunft.	
4 Planung ist wichtig, um die Herausforderungen der Zukunft zu meistern.	
5 Meine Planung orientiert sich an bisherigen Erfahrungen.	
6 Manches erledige ich gern spontan, unabhängig davon, was geplant war.	

7	Risiken begegne ich eher vorsichtig.	
8	Bevor ich Risiken eingehe, sichere ich meine Entscheidung mit Fakten und Informationen ab.	
9	Mein Motto ist: „Der frühe Vogel fängt den Wurm."	
10	Schöne, vergangene Zeiten sind ein Quell der Freude für mich, an die ich gern zurückdenke.	
11	„Jetzt" und „Heute" sind meine Maßstäbe.	
12	Ich setze mich häufig mit dem, was sein wird, auseinander.	

Sehen Sie nun in der folgenden Tabelle nach, welche Fragen welchem Zeitbereich zuzuordnen sind, und zählen Sie für jeden Ihre Kreuze zusammen. Die meisten Ja-Antworten geben Aufschluss über den Zeitbereich, auf den Sie am ehesten fokussiert sind.

Zeitbereich	**Fragen**	**Wie oft angekreuzt?**
Vergangenheit	1, 5, 7, 10	
Gegenwart	2, 6, 9, 11	
Zukunft	3, 4, 8, 12	

Lösung

Die Orientierung an den einzelnen Zeitbereichen hat für Ihr Selbstmanagement folgende Bedeutung:

- **Vergangenheit:** Sie setzen eher auf Bewährtes und bereits gemachte Erfahrungen. Planung und Zielsetzung sind oft gekennzeichnet durch eine Fortschreibung der Vergangenheit in die Zukunft. Dabei entwickeln Sie Routine und halten Absprachen und Prioritäten ein. Ein flexibles Einstellen auf neue Situationen fällt aber nicht leicht und braucht Zeit.
- **Gegenwart:** Sie stehen der Vergangenheit wie der Zukunft eher unbeeindruckt gegenüber und bevorzugen schnelles, spontanes Handeln in der Gegenwart. Eine zu genaue, detaillierte Planung ist Ihre Sache nicht. Sie unterschätzen häufig die für Aufgaben benötigte Zeit und variieren leicht Prioritäten oder Ziele, da Sie am gerade Machbaren interessiert sind. Ihr Selbstmanagement dient der Bewältigung des Alltagsgeschäfts.
- **Zukunft:** Sie beschäftigen sich mit dem Kommenden und stellen gern vorausschauende Überlegungen an, um sich für die Zukunft zu wappnen. Sie brauchen Fakten und Informationen, um sich auf neue Situationen einzustellen, und entwerfen Strategien und Konzepte. Sie können detailliert planen, haben aber eher die große Linie im Blick. Aus dieser Perspektive setzen und beachten Sie Ihre Prioritäten. Die Unsicherheit der Zukunft versuchen Sie durch das Sammeln von Informationen abzuschwächen.

Sich beim Denken zuschauen

Übung 5
10 min

Dem eigenen Denken auf die Spur zu kommen ist Thema dieser und der nächsten Übung. Das menschliche Gehirn benutzt je nach geistigem Prozess bestimmte Sinneskanäle – es verbindet also Wahrnehmungskanäle mit Bewusstseinszuständen, was sich durch Messung der unterschiedlichen Gehirnströme nachweisen lässt.

- Der visuelle Sinneskanal bezieht sich auf alle bildhaften Aktivitäten und Eindrücke: Schauen, Vorstellen, Zeigen, aber auch Zeichnen, Lesen, Schreiben. Motto: „Betrachte das einmal so ..."
- Der auditive Kanal bezieht sich auf alle akustischen Tätigkeiten und Eindrücke wie Sprechen, Hören, Diskutieren, Erzählen, Fragen, innere Dialoge. Motto: „Ich sage dir, was ich dazu denke ..."
- Der kinästhetische Kanal bezieht sich auf körperliche Aktivitäten und Gefühle: Begreifen, Berühren, Spüren, Tun, Erfahren. Motto: „Das ist mein Gefühl dazu ..."

Markieren Sie im folgenden Text die darin enthaltenen Verben und Nomen, die den Sinneskanälen auditiv, visuell und kinästhetisch zuzuordnen sind:

„Obwohl ich während meines Studiums häufiger die Universität wechselte, hatte ich immer das Gefühl, auf dem richtigen Weg zu sein. Während meiner ersten Anstellung habe ich als Teamleiter einiges vorangebracht und die Probleme mit dem neuen Produkt recht schnell in den Griff bekommen. Nach dem Projekt war die Zeit etwas schwierig für mich. Ich hielt Ausschau nach einer neuen Herausforderung, wollte meinen Horizont erweitern, hatte aber nur eine verschwommene Vorstellung, wie das in der Firma möglich sein könnte. Letztendlich hat mich keiner der Vorschläge meiner Vorgesetzten angesprochen. Die Stellenanzeige meiner jetzigen Firma klang dann wie Musik in meinen Ohren. Beworben habe ich mich, weil meine innere Stimme mich einfach nicht in Ruhe ließ."

Lösung

Vergleichen Sie Ihre Markierungen mit der folgenden Liste:

- Kinästhetisch: „auf dem richtigen Weg zu sein", „einiges vorangebracht", „in den Griff bekommen"
- Visuell: „hielt Ausschau", „Horizont erweitern", „verschwommene Vorstellung"
- Auditiv: „angesprochen", „klang wie Musik in meinen Ohren", „innere Stimme"

Wenn man den Text unter dem Gesichtspunkt der geistigen Vorgänge betrachtet, ist zu erkennen, dass der Erzähler zu Beginn klar strukturiert ist, dann über einen Klärungsprozess (neue Herausforderung) berichtet und zum Schluss mitteilt, wie die Entscheidung gefallen ist, was den Ausschlag für die neue Stelle gegeben hat. Verbunden mit den Wahrnehmungskanälen ergeben sich für das Beispiel die folgenden Zusammenhänge:

- Organisieren – bewusstes Denken – kinästhetisch
- Sortieren – unterbewusstes Denken – visuell
- Kreieren – unbewusstes Denken – auditiv

Forschungsergebnisse zeigen, dass die Verbindungen zwischen Wahrnehmungskanal und Denkstil stabil sind – d. h. für eine bestimmte Art zu denken benutzt man in der Regel einen bestimmten Kanal, und umgekehrt kann der Kanal Auslöser für den Denkstil sein.

Was hat das Ganze nun mit Selbstmanagement zu tun? Zu wisssen, wie das Gehirn organisiert, sortiert oder kreiert, kann Ihnen helfen, Ihr Selbstmanagement effizienter zu gestalten. Wenn Sie z. B.

- vor einem Problem stehen, also sortieren müssen, nutzen Sie genau jene Aktivitäten, die Ihren sortierenden Kanal ansprechen.
- sich Ziele setzen, erreichen Sie diese einfacher, wenn Ihre unbewussten Persönlichkeitsanteile mitziehen (siehe Übung 11). Über die Wahl des Wahrnehmungskanals können Sie Ihr unbewusstes Denken direkt ansprechen.

Praxistipps

- Versuchen Sie, ein Gefühl dafür zu entwickeln, welche Ihrer Sinneskanäle aktiv sind, wenn Sie Informationen aufnehmen, verarbeiten oder abrufen. Achten Sie dabei weniger auf den Inhalt, sondern mehr auf den Prozess Ihrer Informationsverarbeitung.

- Achten Sie auf die Verben, die Sie verwenden, und beobachten Sie Ihre Handlungen: Wollten Sie eine Skizze machen? Hatten Sie den Impuls umherzugehen?
- Setzen Sie Ihre Beobachtungen in Bezug mit der Beschreibung auf S. 139 und der folgenden Tabelle.

Nutzen Sie die kurze Übersichtstabelle, um Prozesse und Verhaltensweisen einzelnen Kanälen zuzuordnen und die Kanäle zu erkennen und zu unterscheiden:

	Kinästhetisch	**Auditiv**	**Visuell**
Bewusst	Dinge und Menschen anfassen; begreifen, tun, ausprobieren	Zuhören, diskustieren; redet gern und viel, spricht oft druckreif	Lesen; zusehen; zeigt und illustriert; intensiver Blickkontakt
Unterbewusst	Bewegen; wegschauen beim Nachdenken; fühlt sich in verschiedene Richtungen gezogen	Reden, um Klarheit zu bekommen; häufig innerer Dialog; kann anderen und sich selbst zuhören	Klärung mit schreiben; malen; fotografieren; Augen schließen für tiefe Empfindungen
Unbewusst	Bewegung aktiviert Kreativität; von sich abgelenkt bei Berührung; selten Wettkampfsport	Stellt rhetorische Fragen an sich; mag nicht, dass andere die eigenen Worte ergänzen	Geschriebenes ist kostbar; Gestalt- oder Panoramablick; zu viele visuelle Eindrücke überfordern

Ihrer Informationsverarbeitung auf der Spur

Übung 6
10 min

Finden Sie nun heraus, mit welchem Wahrnehmungskanal (kinästhetisch, visuell, auditiv) Ihr Gehirn schwerpunktmäßig bewusstes, unterbewusstes oder unbewusstes Denken verbindet. Markieren Sie bei jeder Frage die zutreffendste Antwort:

Sie haben ein Möbelstück gekauft, das Sie nun zuhause zusammenbauen müssen. Was tun Sie zuerst?

1 Die Aufbauanleitung studieren.
2 Mit dem Partner/der Partnerin über die Vorgehensweise sprechen.
3 Alles auspacken, überprüfen, was da ist und wie es zusammengehören könnte.

Was mögen Sie am wenigsten?

4 Körperlichen Wettbewerb.
5 Schriftliche Tests.
6 Mündliche Streitgespräche.

Sie sitzen über einer kniffligen Aufgabe und könnten ein paar gute Ideen gebrauchen. Was trifft am ehesten zu?

7 Sie fangen an, Bilder und Möglichkeiten in Ihrer Vorstellung oder als Worte auf dem Papier hin und her zu bewegen.
8 Sie bekommen das Bedürfnis, sich zu bewegen.
9 Sie reden mit sich, hören Ihr inneres Konzert an Möglichkeiten.

Wenn Sie in Kontakt mit Menschen kommen, die Sie kaum kennen: Was könnte Sie am meisten irritieren?

10 Eine körperliche Berührung (nicht sexuell).

11 Langer Augenkontakt.

12 Viele Worte.

Wenn Sie bei einer Entscheidung zwischen zwei Alternativen wählen müssen, dann

13 fühlen Sie sich in verschiedene Richtungen gezogen.

14 betrachten Sie die Situation aus unterschiedlichen Perspektiven.

15 diskutieren Sie beide Alternativen.

Wie würden Sie spontan reagieren, wenn Sie jemand in der Ihnen gut bekannten Innenstadt nach einem Geschäft fragt (und wenn Sie alle Möglichkeiten hätten)?

16 Sie beschreiben in groben Zügen den Weg.

17 Sie machen eine kleine Skizze, um Ihre Wegbeschreibung zu visualisieren.

18 Sie bringen die Person ein Stück in die richtige Richtung.

Wenn Sie sich jemandem nah fühlen oder ihm nah sind, was ist Ihnen dann wichtig?

19 Berührung, körperliche Nähe (nicht sexuell).

20 Zuhören, Gespräche.

21 Ansehen, Augenkontakt.

Wenn ich unruhig oder aufgewühlt bin,

22 führe ich endlose Dialoge mit mir.

23 habe ich meinen Kopf voller Bilder oder Filme.

24 bin ich körperlich ganz unruhig und aufgewühlt.

Wenn es darum geht, dass Sie sich selbst wahrnehmen, was würden Sie am ehesten als zutreffend bezeichnen?

25 Dabei hilft mir die Stille, so kann ich zu mir kommen.

26 Ich weiß oft gar nicht so recht, wie ich mich fühle (vor allem, wenn ich wenig Bewegung habe).

27 Zu viele Bilder, Filme, Grafiken o. Ä. überlasten mich, dann kann ich mich nicht mehr spüren.

Lösung

Umkreisen Sie in der folgenden Tabelle die Nummern der Fragen, die Sie zuvor als zutreffend markiert haben:

	Visuell	**Auditiv**	**Kinästhetisch**
Bewusst (organisierend)	1, 17, 21	2, 16, 20	3, 18, 19
Unterbewusst (sortierend)	7, 14, 23	9, 15, 22	8, 13, 24
Unbewusst (kreierend)	5, 11, 27	6, 12, 25	4, 10, 26

Idealerweise sollten Sie in jeder Zeile eine Antworthäufung in jeweils einem Wahrnehmungskanal finden. Dies ist Ihr persönliches Muster der Informationsverarbeitung.

- Sollte das Testergebnis nicht ganz eindeutig sein – was vorkommen kann – oder Sie sich trotz recht klarem Ergebnis noch unsicher sind – was völlig normal wäre, denn kaum jemand ist es gewohnt, sich beim Denken zuzuschauen –, dann beobachten Sie sich einfach weiter.
- Da die meisten Menschen nicht gleichzeitig den bewussten und unbewussten Kanal nutzen können, findet man die Kanäle für bewusstes und unbewusstes Denken als erste, woraus sich automatisch der unterbewusste Kanal ergibt. Überlegen Sie: Was ist für Sie unvereinbar?

Tragen Sie hier ihr persönliches Muster ein:

	Bewusst organisieren	**Unterbewusst sortieren**	**Unbewusst kreieren**
Sinneskanal			

Praxistipps

- Schärfen Sie Ihren Blick für die unterschiedlichen Wahrnehmungskanäle. Beobachten Sie, wie Ihr Gesprächspartner Sachverhalte beschreibt, über sich oder andere redet und wann er wach und aufmerksam ist oder abwesend oder zerstreut wirkt.
- Experimentieren Sie beim Lernen mit dem bewussten und unterbewussten Kanal. Sprechen Sie die Kanäle über den zugehörigen Sinn direkt an. In der Regel sollten Informationen über die Sinne des bewussten Kanals aufgenommen und von den folgenden Kanälen verarbeitet werden. Manche Menschen lernen jedoch deutlich effizienter, wenn der Input gezielt über den unterbewussten Kanal erfolgt.

Tun

In diesem Kapitel lernen Sie

- wie Sie aus Wünschen Ziele machen,
- welche Arten von Zielen man unterscheiden kann und wie sie am effizientesten formuliert werden,
- wie Sie Widerstände überwinden können.

Darum geht es in der Praxis

Der Beruf, Ehrenämter und Hobbys sind klassische Bereiche, in denen sich Fähigkeiten entwickeln und zum Ausdruck bringen lassen. Sie können die Basis für Erfolg, Karriere, Wohlstand und Anerkennung sein. Wenn umgekehrt jedoch eine Identifikation mit dem Beruf, ein Hobby fehlt, kann das in eine gegenläufige Spirale von Misserfolg, Depression und reduziertem Selbstwertgefühl münden.

- Welche Bedeutung hat Ihr (berufliches) Tun für Sie?
- Welche Ziele möchten Sie verwirklichen, welche Fähigkeiten entwickeln?
- Was ist für Sie entscheidender: Anerkennung durch Ihr Tun oder die Freude an persönlichem Wachstum durch Ihr Tun sowie die damit verbundenen Herausforderungen?

Ziele können Sie sich selbst stecken oder sie werden Ihnen vorgegeben. Wenn Sie in vorgegebenen Zielen auch eigene erkennen oder sie dazu machen, werden Ihre Ergebnisse besser, und Sie erreichen diese Ziele höchstwahrscheinlich schneller. Um Zielvorgaben zu erreichen, brauchen Sie in erster Line ein funktionierendes Zeitmanagement. Um Ihre eigenen Ziele zu erreichen, brauchen Sie Selbstmanagement. Dieses Kapitel zeigt Ihnen, wie Sie dafür sorgen können, dass Ihre Wünsche zu echten Zielen werden, wie Sie deren Realisierung in Angriff nehmen – und wie Sie den gewählten Kurs über eine längere Weg- und vielleicht auch Durststrecke beibehalten.

Selbstmanagement Stufe 1: Ziele

Einfach mal träumen

Übung 7
30 min

Sie erinnern sich: Selbstmanagement bedeutet „Führen des Selbst". Das Selbst ist letztlich die Quelle Ihrer Wünsche, und diese Quelle zapfen Sie jetzt an. Finden Sie heraus, was Sie sich wirklich wünschen. Also: Träumen Sie mal! Stellen Sie sich die folgenden Fragen und tragen Sie Ihre Antworten in die leeren Zeilen ein.

1 Tun: Was möchte ich noch erleben/verwirklichen?

____

____

____

2 Körper: Wie will ich mich fühlen?

____

____

____

3 Sein: Wie möchte ich sein?

____

____

____

4 Sinn: Was soll einmal in meinem Nachruf stehen?

____

____

____

Lösungstipps

- Vielleicht wissen Sie eher, was Sie nicht wollen, als was Sie wollen? Dann formulieren Sie positiv um, was Sie nicht wollen. Fragen Sie sich: „Wenn es das nicht sein soll – wie sollte die Situation sein, damit ich mich wohl fühle?"
- Sie können auch eine Mind Map erstellen. Dies hat den Vorteil, dass Sie dabei gleich Ihre Wünsche visualisieren. Somit kann nicht nur eine intensive, persönliche Wunschcollage entstehen, Sie tun auch schon den ersten Schritt zur Verwirklichung Ihrer Wünsche. Denn Bilder verankern sich viel leichter in unserem Gehirn als Wörter.

Lösung

War diese Übung leicht oder schwer für Sie? Manche Menschen haben verlernt, zu träumen und auf ihre eigenen inneren Impulse und Eingebungen zu achten. Wer völlig eingebunden ist in die Bewältigung des Alltags oder nur in Kategorien der Rationalität und Effizienz denkt, kann Probleme haben, diese Denkmuster loszulassen. Versuchen Sie es dennoch. Folgen Sie einem Gefühl der Freude, wie klein es zu Beginn auch sein mag.

Praxistipp

Achten Sie darauf, dass es auch wirklich Ihre persönlichen Träume und Wünsche sind, die Sie hier notieren – nicht die der Werbung, Ihrer Eltern oder Ihres beruflichen Umfeldes. Finden Sie die Dinge heraus, die Ihnen am Herzen liegen. Wie der Begriff „Herzenswunsch" nahelegt, hat das, was Sie in dieser Übung über sich erfahren, ganz persönlich mit Ihnen zu tun. Es gibt Ihnen eine Vorstellung, vielleicht auch nur eine Ahnung von der Person, die Sie sein könn(t)en – und von den Möglichkeiten, die Ihnen offenstehen und die Sie realisieren könn(t)en.

Vielleicht fällt Ihnen das Träumen leichter, wenn Sie die Ergebnisse der Übungen 5 und 6 berücksichtigen. Aktivieren Sie doch gezielt Ihren unbewussten Kanal:

- Kinästhetisch: bewegen Sie sich, tanzen Sie, spüren Sie in Ihren Körper hinein.
- Auditiv: Werden Sie still, hören Sie Ihre Lieblingsmusik, während Sie sich die Fragen der Übung stellen. Achten Sie auf Ihre innere Stimme, auf Worte, Dialog die auftauchen.
- Visuell: Blicken Sie ins Leere, gehen Sie ins Freie schauen Sie sich den Horizont an. Lassen Sie Bilder entstehen Ihrer Träume, sehen Sie sich in Ihrem Traum.

Das Gefühl hinter den Wünschen finden

Übung 8
30 min

Welche Träume oder Ideen möchten Sie als Nächstes realisieren? Suchen Sie sich die zwei Träume, die Ihnen am wichtigsten sind, aus Übung 7 aus und unterziehen Sie Ihre Auswahl einer Prüfung: Hinter vielen Wünschen, Träumen oder Ideen steht ein Gefühl, das man sucht. Finden Sie heraus, welche Gefühle Ihren Wünschen zugrunde liegen.

Mein 1. Wunsch:

____

____

____

Diese Gefühle stehen dahinter:

____

____

____

Mein 2. Wunsch:

____

____

____

Diese Gefühle stehen dahinter:

____

____

____

Lösungstipp

Wenn Sie sich mit dieser Übung schwertun, stellen Sie sich vor, Sie wollten einen bestimmten Pkw kaufen. Fragen Sie sich, warum es gerade dieses Fahrzeug sein soll. Vermittelt es Ihnen ein Gefühl der Sicherheit oder der Macht oder einen bestimmten Status? Spüren Sie dem wirklich nach – seien Sie ehrlich zu sich, hören Sie auch auf Ihr Bauchgefühl und nicht nur auf all die rationalen Argumente, die Ihnen wahrscheinlich zuerst in den Sinn kommen.

Lösung

Oft finden sich immer wieder dieselben Bedürfnisse hinter Wünschen und Träumen, z. B. das Bedürfnis nach

- Dominanz
- Sicherheit
- Stimulanz
- Genuss
- Einssein
- Liebe
- Ansehen
- Beständigkeit.

Wenn Sie erkennen, welches Gefühl hinter Ihren Wünschen steht, werden Sie frei – frei zu überlegen, ob Sie das gesuchte Gefühl nicht auch anders erreichen könnten: etwa, indem Sie sich andere Wünsche erfüllen, die einfacher, schneller oder kostengünstiger zu verwirklichen sind.

Aus Wünschen Ziele machen

Übung 9

15 min

Nachdem Sie die Gefühle entdeckt haben, die hinter Ihren Wünschen stehen, wählen Sie nun bitte einen Wunsch aus, mit dem Sie diese Übung durchführen. Vor allem durch die Entscheidung, das Gewünschte bewusst und zielgerichtet anzustreben, wie auch durch ganz konkrete, praktische Überlegungen machen Sie ein Ziel daraus. Notieren Sie es hier.

Dies ist mein Ziel: ______________________________

____

Daran merke ich, dass ich es erreicht habe: ______________

____

Welche Teilziele setze ich mir und wann sind sie erreicht?

____

____

Folgendes unternehme ich jetzt: ______________________

____

Wer könnte mir helfen? __________________________

____

Was könnte mich (be)hindern? ______________________

____

Was motiviert mich? ____________________________

____

Lösungstipp

Nehmen Sie sich Zeit für diese Phase. Auch wenn die Fragen Sie dazu motivieren sollen, konkrete Überlegungen über Ihr Ziel und dessen Erreichung anzustellen, betrachten wir doch das Ziel noch aus einer eher grundsätzlichen Perspektive. Sie sind mit dieser Übung noch nicht in der wirklichen Planungsphase angekommen. Diese folgt im Prinzip danach und ist Teil Ihres Zeitmanagements.

Jetzt geht es darum den Wunsch auf seine Zielqualitäten hin abzuklopfen. Bleiben Sie kreativ und in Kontakt mir der positiven Energie Ihres Wunsches. Spielen Sie verschiedene Varianten (auch ungewöhnliche) durch. Kalkulieren Sie Durststrecken mit ein, ebenso wie die Helfer, die Sie bei Problemen unterstützen könnten. Machen Sie sich klar, was Sie für dieses Ziel motiviert. Was wird Sie bei der Stange halten, wenn es schwierig wird?

Praxistipps

- Nutzen Sie doch für diese Übung Ihre Selbstmanagementagenda, die mehr Platz für Ihre Notizen bietet.
- Natürlich können Sie auch jetzt schon, parallel zu den grundlegenden Überlegungen, erste konkrete Übersichten über Kosten, Zeitbedarf und Zeitrahmen oder konkrete Einzelmaßnahmen erstellen.

Mit Ihrer Entscheidung und den Überlegungen zu den aufgelisteten Punkten brechen Sie nun zur Realisierung Ihres Zieles auf. Viel Erfolg dabei!

Ziele formulieren

Die SMART-Ziel-formulierung

Übung 10
7 min

Sie haben nun eine allgemeine Checkliste zur Vorbereitung auf das Ziel erarbeitet. Neben all den anderen Überlegungen ist die Zielformulierung besonders wichtig. Sie ist eine Essenz Ihres Zieles, eine Gedankenstütze und Ihr Motivationsschub auf dem Weg zum Ziel. Eine der populärsten Strategien zur Zielformulierung ist die SMART-Methode:

Spezifisch:	Formulieren Sie möglichst genau und konkret.
Messbar:	Bauen Sie überprüfbare Größen ein, damit Sie wissen, wann das Ziel erreicht ist.
Aktiv:	Handeln Sie unabhängig zielgerichtet.
Realistisch:	Vermeiden Sie Unter- oder Überforderung.
Terminiert:	Bei (Zwischen-)Terminen zeigen sich die Fortschritte.

Überprüfen Sie Ihre bisherigen Zielformulierungen anhand der SMART-Kriterien. Wenn nötig oder sinnvoll, formulieren Sie Ihre Haupt- oder Etappenziele neu oder um.

____

____

____

____

Lösungstipp

Beachten Sie, dass der Punkt „Aktiv" immer einen erstrebenswerten positiven Zustand meint. Vermeiden Sie bei der Formulierung stets Konjunktive und Hilfsverben. Formulieren Sie klar, aktiv und im Präsens. Folgendermaßen könnten „smarte" Formulierungen lauten:

- An jedem Arbeitstag setze ich bei fünf Kunden die neue Kundenansprache um, um bis Ostern 50 Prozent mehr Kundentermine zu realisieren.
- Ab Mai fahre ich an drei Tagen in der Woche insgesamt 100 Trainingskilometer mit dem Rad, um im Septemberurlaub den Rheinradwanderweg zu absolvieren.

Lösung

- Empfinden Sie die erstellten „smarten" Zielformulierungen als motivierend? Sind Sie voller Tatendrang, wenn Sie die Zielformulierung hören oder lesen?
- Wenn Sie diese SMART-Formulierungsweise bereits kennen: Wie viele Ziele haben Sie mit ihrer Hilfe schon erreicht? Gibt es nicht eine ganze Menge so formulierter Ziele, denen es nicht besser ging als den Vorsätzen an Neujahr?

Praxistipp

Wie erwähnt soll die Zielformulierung eine tatkräftige Unterstützung sein, das angestrebte Ziel zu erreichen. Allzu oft tritt jedoch – gerade bei „smarter" Zielformulierung - dieser Aspekt in den Hintergrund. Wichtiger wird besonders, wenn mit der Zielerreichung bestimmte Gratifikationen oder Gehaltsanteile verknüpft sind, dass sich über das Ziel schnell ein Konsens herstellen lässt und dass alle Beteiligten unabhängig voneinander prüfen können, ob das Ziel wie vereinbart erreicht wurde.

Daher sind „smarte" Zielformulierungen sehr populär und werden als Führungsinstrument in Unternehmen gern eingesetzt. Allerdings hat diese Art der Zielformulierung für unser Thema Selbstmanagement auch einige gewichtige Nachteile:

- Durch die große Betonung des Handlungsanteils in der Zielformulierung sinken oft deren Motivationskraft, Identifikation und Energiegehalt.
- Ohne den Druck einer Unternehmenshierarchie tritt schnell die mangelnde Motivationskraft solcher Zielformulierungen zutage.
- „Smart" formulierte Ziele sind als Handlungsorientierung durchaus sinnvoll. Sie helfen, Teilziele zu festgelegten Zeiten zu erreichen. Sie verfehlen jedoch meist ihr Ziel, wenn es um Lernprozesse bzw. das Entfalten persönlichen Potenzials – also Selbstmanagement – geht.
- „Smart" formulierte Ziele verhindern, dass man in neuen Chancen und Möglichkeiten denkt, offen für andere Wege der Zielerreichung bleibt und Gelegenheiten erkennt, in verschiedenen Kontexten zum Ziel zu kommen.
- „Smarte" Ziele berücksichtigen zu wenig die unbewusst arbeitenden Systeme unseres Gehirns. Sie müssen mit dem Verstand intensiv verfolgt werden. Das ist sehr energieaufwendig und störungsanfällig, und Ihre Kapazitäten sind wahrscheinlich geringer als die Zahl Ihrer Ziele.

Ziele handlungswirksam formulieren

Übung 11
10 min

Die Chance, dass Sie Ihre Ziele erreichen, steigt in dem Maße, wie es Ihnen gelingt, Ihre Zielvorstellungen und die dazu führenden Handlungen als Prozesse zu automatisieren. Dazu müssen Sie Ihre Zielformulierungen und Zielvorstellungen ins emotionale Erfahrungsgedächtnis bringen. Das können Sie dadurch erreichen, dass Sie allgemeiner und gefühlsbetonter formulieren, z. B. mit Hilfe folgender Verben und Adjektive:

Ich	genieße	lebe	liebe
	freue mich	bin dankbar	bin glücklich
	bin begeistert	bin erfüllt	bin fasziniert

Formulieren Sie unter Zuhilfenahme dieser oder ähnlicher Wörter das Ziel aus Übung 9 um und notieren Sie es hier.

___

___

___

___

___

Lösungstipp

Hüten Sie sich vor ungenauen oder die Energie reduzierenden Formulierungen. Formulieren Sie keine Absichten – also kein „Ich will, ich versuche, ich werde" –, sondern Zielzustände!

Lösung

Durch die neue Formulierung werden Sie sich viel mehr mit Ihrem Ziel identifizieren können. Vielleicht lauten Ihre neuen Formulierungen nun ähnlich wie diese aus Übung 10 umformulierten Beispiele:

- Ich genieße meine herausragenden Fähigkeiten der kundenorientierten Kommunikation.
- Begeistert und voller Freude und Energie radle ich den Rheinwanderweg von Basel bis Wiesbaden.

Haben Sie sich schon einmal bewusst gemacht, warum Auto- und Motorradfahrer Fahrsicherheitstrainings besuchen und Piloten im realitätsnahen Flugsimulator trainieren? Weil im späteren „Ernstfall" einer komplexen Stresssituation das bewusste Denken zu langsam wäre, um Entscheidungen zu treffen und Handlungen auszulösen. In solchen Fällen schaltet das Gehirn auf unbewusste Handlungssteuerung. Hierin liegt auch der Grund, warum viele Trainings keine dauerhafte Verhaltensänderung bewirken: Da das in der grauen Theorie erlernte Neue kaum die Schwelle des bewussten Denkens überschreitet, wird im Alltag nach dem Seminar wieder auf die alten – automatisierten Prozesse – zurückgegriffen.

Ziele in den unbewussten Kanal überführen

Übung 12
5 min

Mit den emotionalen Formulierungen der vorangegangenen Übung haben Sie versucht, sich Ihr Ziel „schmackhaft" zu machen. Indem Sie die emotionale Komponente integrieren, erreichen Sie deutlich motivierendere Formulierungen. Sollten Sie jedoch noch immer keinen Motivationsschub verspüren, kann dies entweder daran liegen, dass Sie den Kern Ihres Zieles noch nicht getroffen haben, oder dass Ihr Ziel mit Worten formuliert ist, die Ihr unbewusstes Denken nicht ansprechen.

Im ersten Fall versuchen Sie herauszufinden, worum es Ihnen bei Ihrem Ziel wirklich geht (z. B. mit Hilfe von Übung 8). Im zweiten Fall gehen Sie zurück zum Abschnitt über die persönlichen Wahrnehmungskanäle (Übung 6) und übersetzen Sie auf der nächsten Seite einige Zielformulierungen in den Modus Ihrer unbewussten Wahrnehmung. Sollten Sie sich noch nicht sicher sein, welchen Wahrnehmungskanal Ihr Unbewusstes favorisiert, übersetzen Sie ein oder zwei Ziele in alle drei Formen. Für das Beispiel der geplanten Fahrradtour aus den Übungen 10 und 11 würde das etwa heißen:

- **Visuell:** Ich genieße es, während der Tour am Rheinufer zu sitzen und über die Auen zu schauen.
- **Auditiv:** Das Surren der Reifen, das Zwitschern der Vögel macht mich glücklich auf meiner Tour.
- **Kinästhetisch:** Der Fahrtwind weht mir um die Ohren, die Sonne scheint, ich bin voller Power und dankbar.

Visuell: ______________________________

____

____

Auditiv: ______________________________

____

____

Kinästhetisch: ______________________________

____

____

Lösung

Bevorzugt Ihr bewusstes Denken den visuellen Kanal und Ihr unbewusstes Denken die kinästhetische Ausdrucksweise, so werden Sie elegante Zielformulierungen erstellen können, die jedoch immer fremd wirken. Erst wenn Sie den angestrebten Zielzustand körperlich spüren, ein Gefühl dafür entwickeln, hat Ihr Ziel die nötige Energie zur Realisierung. Für den auditiven und den kinästhetischen Kanal reicht Schreiben allein also nicht aus. Sie müssen darüber sprechen und sich dabei bewegen, eine Haltung einnehmen, die Sie haben, wenn das Ziel erreicht ist. Passen Formulierung und Kanal zusammen, so werden Sie mehr Energie und Zuversicht verspüren, dass Sie das Ziel auch erreichen können. Es fühlt sich stimmig an, es ist Musik in Ihren Ohren, Sie haben das richtige Bild vor Augen ...

Metaphern als Zielformulierungen

Übung 13
20 min

Eine weitere Möglichkeit, das emotionale Element und den bildhaften Charakter einer Zielformulierung zu erhöhen, ist der Einsatz von Metaphern oder Analogien. Darunter versteht man bildhafte Vergleiche – die Verbindung zweier ursprünglich nicht in Bezug zueinander stehender Komponenten. Ein Ziel als Metapher oder Analogie zu formulieren heißt also, in anderen (Lebens-)Bereichen nach dem Zielzustand zu suchen und dieses Bild direkt (Metapher) oder als Vergleich (Analogie) in Ihre Formulierung zu integrieren.

Solche Formulierungen zu finden ist nicht schwer, erfordert jedoch ein wenig Übung. Üben Sie an folgenden Beispielen die metaphorische Zielformulierung:

1 In Stresssituationen neige ich dazu, fahrig und nervös zu werden und den Blick fürs Wesentliche zu verlieren. Ich möchte lernen, in solchen Situationen Ruhe zu bewahren und die Dinge zu tun, die notwendig sind.

2 Mein Team besteht aus lauter Individualisten, die permanent ihr eigenes Süppchen kochen und sich nicht im Dienste der Sache in die Gruppe einfügen wollen. Wir müssen unsere Einstellung ändern und den Teamgeist fördern.

3 Mögliche Lösungen könnten hier lauten:

4 Stress weckt den Adler in mir. Ich erhöhe die Distanz, beobachte mit geschärftem Blick und treffe meine Entscheidungen.

5 Mein Team ist wie ein Vogelschwarm. Zusammen sind wir stark. Wir ziehen an einem Strang. Flexibel übernimmt jeder am passenden Ort zur richtigen Zeit Verantwortung. Leicht erreichen wir unsere Ziele.

Nehmen Sie sich nun das Ziel vor, das Sie sich schon ausgesucht hatten in Übung 9. Welche Metaphern kommen Ihnen hierzu in den Sinn? Mit welchen bildhaften Vergleichen könnte es Ihnen leichter fallen, sich auf Ihr Ziel einzuschwören? Orientieren Sie sich an den zuvor genannten Beispielen.

Meine bisherige Zielformulierung: ______________________

____

____

____

____

____

Meine neue, metaphorische Zielformulierung: ____________

____

____

____

____

____

Lösung

Zielformulierungen als Metaphern oder Analogien haben einige direkte Vorteile: Sie

- bündeln mehrere Aspekte des Ziels,
- erzeugen direkt eine bildhafte, meist auch emotionale Vorstellung,
- prägen sich leichter ein.

Dadurch ist Ihnen Ihr Ziel präsenter, was wiederum die Konzentration darauf erleichtert. Als ich mich vor Jahren nebenberuflich auf die zentrale Abiturprüfung vorbereitete, suchte ich nach einer prägnanten und klaren Zielvorstellung, die mich drei Jahre lang motivieren und die Prüfungsangst reduzieren sollte. Ich fand für mich folgende Formulierung: Die Abiturprüfungen sind meine Olympischen Spiele. Ich habe mich jahrelang auf dieses Ereignis vorbereitet. Ich bin auf den Tag topfit. All mein Wissen steht parat. Das Abiturzeugnis ist meine Goldmedaille!

Dieses Bild hatte ich immer vor Augen, die Formulierung mir immer wieder vorgesprochen oder abgeschrieben. Von 36 Teilnehmern bestanden zwölf. Ich hatte das zweitbeste Ergebnis des Jahrgangs.

Ohne die Vorstellung eines Sieges bei Olympia hätte ich mir alles Mögliche, was schiefgehen könnte, ausgemalt. Es gab viele Unwägbarkeiten. Wie bei Olympia zählten nur diese wenigen Tage. Die Analogie war der Schlüssel für meinen Erfolg! Keine „smarte" Zielformulierung hätte das geleistet.

Ziele realisieren

Eine Zielmatrix für mehr Übersicht nutzen

Übung 14
10 min

Um in Ihre Ziele mehr Struktur und Übersicht zu bringen, können Sie sie nach folgenden Kriterien klassifizieren:

1 **Standardziel:** das, was Sie beibehalten möchten.

2 **Leistungsziel:** das, was Sie verbessern möchten.

3 **Innovationsziel:** das, was Sie neu beginnen möchten.

Greifen Sie dabei auf die vier Selbstmanagementbereiche dieses Buches zurück: Tun, Körper, Sein und Sinn. So erhalten Sie eine Zielmatrix, die mindestens zwölf Ziele enthält, jeweils eines pro Kriterium für alle vier Selbstmanagementbereiche. Wenn wir uns wieder das Beispiel der Radtour vornehmen (das dem Bereich Tun zuzuordnen ist), würde das bedeuten, dass die Radtour ganz unterschiedliche Ziele erfüllen kann:

1 Ich genieße Radfahren und das Naturerlebnis dabei so sehr, dass ich dieses Hobby intensiv weiterpflege.

2 Auf der Basis meines intensiven Trainings fahre ich voller Elan den Rheinradwanderweg mit 30 km/h Durchschnittsgeschwindigkeit.

3 Mit dem Rheinradwanderweg begründe ich mein neues begeisterndes Hobby der Fahrradfernreisen.

Entwerfen Sie nun für das aktuelle Jahr mit Hilfe einer Mind Map eine grobe Zielmatrix, indem Sie für jedes Ziel einen kurzen Schlüsselbegriff notieren. Auf der Basis dieser Mind Map können Sie dann einzelne Ziele ausformulieren. Auf dieser Seite haben Sie Platz für Ihre Mind Map.

Aufgaben priorisieren

Übung 15

5 min

Größere Ziele kann man nur erreichen, indem man die Rangfolge der Teilziele festlegt – also Prioritäten setzt. Fragen Sie sich, welchen Schritt auf dem Weg zu Ihrem Ziel Sie zuerst gehen wollen, welcher Schritt dann folgt usw.

Mein 1. Teilziel	
Mein 2. Teilziel	
Mein 3. Teilziel	
Mein 4. Teilziel	
Mein 5. Teilziel	

Lösungstipp

Prioritäten zu setzen heißt auszuwählen, was zuerst zu tun ist. Die Maßstäbe von Wichtigkeit und Dringlichkeit haben jedoch nur in Relation zu einem Ziel Bedeutung. Denn die Wichtigkeit oder Dringlichkeit einer Aufgabe ergibt sich nicht aus der Aufgabe selbst, sondern nur aus einer übergeordneten Position.

- Stellen Sie sich daher immer wieder die Frage: In Bezug auf welches Ziel ist eine Aufgabe wichtig/dringlich?
- Vergleichen Sie mit anderen Lebensbereichen und machen Sie sich bewusst, wie Sie dort Prioritäten vergeben.
- Setzen Sie Ihre Überlegungen in Beziehung zu Übung 4. Möglicherweise gibt es einen Zusammenhang zwischen Ihrem Verhalten und Ihrer Zeitorientierung.

Praxistipps

- Erfassen Sie Ihre Teilziele am besten in Ihrer Selbstmanagementagenda, sodass Sie Ihre Prioritäten immer wieder nachlesen und abhaken können.
- Achten Sie auf den Unterschied zwischen Ideen und Aufgaben. Nur weil es interessant wäre, etwas zu tun, ist es noch kein To-do. To-dos sind Teilaufgaben ganz konkreter Aufgaben. Alles andere sind Ideen. Sammeln Sie sie in einer eigenen Liste oder Mind Map.
- Wenn Sie häufig Ihre Prioritäten in den Wind schlagen, sollten Sie Intuition und Bauchgefühl in die Prioritätensetzung einfließen lassen. Wahrscheinlich ist die Ursache für Ihre Inkonsequenz bei den Zielen zu finden:
  - Wenn Sie sich nicht mit einem Ziel identifizieren, wird Ihnen die Kraft zur Umsetzung und Einhaltung der Prioritäten fehlen. Überlegen Sie, was Sie tun können, um das zu ändern.
  - Oder das Ziel ist noch nicht in Ihrem System der automatischen Handlungssteuerung etabliert. Optimieren Sie dann Ihre Zielformulierung und Ihr Zielbild.

Von Minimum zu Minimum gehen

Übung 16
5 min

Eine simple Erkenntnis des Chemikers Justus von Liebig hat im 19. Jahrhundert die Landwirtschaft revolutioniert: Liebig fand heraus, dass das Pflanzenwachstum von dem Nährstoff abhängt, der am wenigsten im Boden vorhanden ist. Sinnvolle und kostengünstige Düngung sollte sich also auf diesen Nährstoff konzentrieren; in der Folge wird immer der jeweils geringste Nährstoff gedüngt. Dies ergibt ein maximales Pflanzenwachstum bei minimalem Aufwand.

Diese Erkenntnis lässt sich auch ganz allgemein im Wirtschaftsleben oder beim Selbstmanagement als ergänzende Strategie für die Festlegung von Prioritäten anwenden: Bearbeiten Sie immer das aktuelle Minimum – den zu einem bestimmten Zeitpunkt zentralen Engpass.

Überlegen Sie nun, auf welchen Minimumfaktor Sie sich in Bezug auf Ihr Ziel konzentrieren wollen, und notieren Sie ihn hier:

____

____

____

____

____

____

Lösungstipp

Schulen Sie Ihren Blick für den Engpass in beruflichen und privaten Situationen. Suchen Sie sich ein aktuelles Problem und prüfen Sie folgende Bereiche auf mögliche Minimumfaktoren:

- Materialien, Ressourcen (materiell wie immateriell),
- Kommunikation, Zusammenarbeit (intern, extern),
- Fähigkeiten, Knowhow, Planung,
- Zielvorgaben, Identifikation, Überzeugungen.

Lösung

Wenn Sie sich konsequent von Minimumfaktor zu Minimumfaktor bewegen, erzeugen Sie eine Erfolgsspirale, die Sie mit minimalem Einsatz maximale Wirkung erzielen lässt. Ihre Kräfte sind gebündelt und immer auf einen Punkt ausgerichtet – das Minimum. Damit verändern und vereinfachen Sie die strategische Vorgehensweise, da Sie einer klaren Ausrichtung folgen.

Praxistipps

Betrachten Sie alle inneren und äußeren Aspekte einer Situation, um den entscheidenden Punkt zu finden, warum Sie ein Ziel nicht erreichen. Ein entscheidender Vorteil einer solchen Vorgehensweise ist, dass Sie damit gleichzeitig innere und äußere Faktoren erfassen.

Erhöhen Sie Ihre Energie – verringern Sie den Quotienten!

Die Obergrenze erweitern

Übung 17
5 min

Stellen Sie sich vor: Sie erreichen Ihre Ziele. Halten Sie das aus? Wie viel Glück „ertragen" Sie? Wie reich dürfen Sie sein an Materiellem, an Erfolg, an Ideen, an Gefühlen?

Kennen Sie diese oder ähnliche Situationen?

- Sie verbringen einen wunderbar harmonischen Tag mit Ihrem Partner. Und unvermittelt finden Sie sich in einem Streit über Belanglosigkeiten wieder.
- Sie fühlen sich glücklich und voller Energie, könnten tanzen und singen; stattdessen futtern Sie eine Tafel Schokolade oder rauchen ganz schnell einige Zigaretten.

Suchen Sie einmal in der letzten Zeit nach einer positiven Situation, die gekippt ist oder in der Sie Ihre Energie reduziert haben. Wie ging das zu? Welche Strategien haben Sie angewendet? Achten Sie auf den Prozess, weniger auf die Inhalte.

____

____

____

____

Lösung

Streit, Rückzug, Sorgen, Ablenkung (Fernsehen, Computerspiele) und Genussmittel (Süßes, Alkohol, Nikotin) sind gängige Strategien, positive Lebensenergie zu „vernichten". Haben Sie Ihre eigenen „Methoden" gefunden?

Den Beispielsituationen gemeinsam ist, dass positive Energie nicht ausgehalten wird. Sie stoßen an die Obergrenze dessen, was Sie an Glück oder positiven Gefühlen aushalten können, und reduzieren diese. Ein solches Verhalten kann Beziehungen gefährden und wird Sie auf Dauer in Ihrer persönlichen Entwicklung und in Ihrem Selbstmanagement hemmen!

Praxistipp

Die Alternative ist, sich in die positive Energie hineinzubegeben und sie bewusst wahrzunehmen. Halten Sie das Glück oder die Energie aus, lösen Sie sich von ihr, um sich wieder in sie hineinzubegeben. Niemand kann ununterbrochen Wiener Walzer tanzen. Aber Sie können einen intensiven Tanz aufs Parkett legen, sich etwas ausruhen und beim nächsten Tanz wieder durchstarten. Mit der Zeit gewöhnen Sie sich an ein gesteigertes Energielevel und lernen Ihre Obergrenze nach und nach zu erhöhen.

Nelson Mandela hat in seiner Antrittsrede als Staatspräsident die Predigerin Marianne Williamson zitiert, die diesen Sachverhalt so ausdrückte: „Unsere tiefste Angst ist nicht die vor unserer Unzulänglichkeit. Unsere tiefste Angst ist die Angst vor unserer unermesslichen Kraft. Es ist das Licht in uns, nicht die Dunkelheit, das uns am meisten ängstigt."

Überzeugungen und Selbstbild

Übung 18
5 min

Die Erfahrung, eine Obergrenze zu erreichen, kann damit zusammenhängen, dass Sie ein neues Energielevel erreichen, die neue Qualität also nicht gewohnt sind. Ihr neues Energielevel kann aber auch mit Ihrem Selbstbild kollidieren. Jeder hat meist unbewusste Überzeugungen darüber, wie er ist oder sein darf, was ihm zusteht, was er sich wünschen darf und was nicht. Diese Überzeugungen können Ihren Erfolg verhindern bzw. Ihr Selbstmanagement sabotieren. Daher findet sich dieser Faktor im Nenner der Erfolgsformel von Übung 3.

Solchen Begrenzungen können Sie durch Selbstbeobachtung auf die Spur kommen. Ergänzen Sie die folgenden Sätze.

Ich darf erfolgreich sein, indem ich

____

____

Meine Wünsche sind gerechtfertigt:

____

____

Ich lebe mein persönliches Potenzial, nämlich

____

____

Lösungstipp

Mögliche Indizien dafür, dass Ihr Selbstbild Sie einschränkt, sind Situationen wie die folgenden:

- Sie haben bei Übung 7 nicht gewagt, ganz „enthemmt" Wünsche zu äußern oder zu träumen.
- Die emotionale Zielbeschreibung (Übung 11) hat Gefühle des Unwohlseins oder der Abwehr („So ein Unsinn!") in Ihnen ausgelöst.

Spüren Sie diesen negativen Glaubenssätzen und Hemmschwellen nach und machen Sie sie sich bewusst, um sie besser bearbeiten zu können.

Praxistipps

Wenn Sie mit einer sehr anspruchsvollen Zielformulierung auf ein negatives Selbstbild treffen, entsteht ein Widerspruch, der Ihre Kraft reduziert. Sie werden Probleme bekommen, Ihr Ziel zu erreichen. Versuchen Sie es deshalb mit einem nicht so hoch gesteckten Ziel oder geben Sie sich bewusst die Erlaubnis, das Ziel zu erreichen. Dazu formulieren Sie die begrenzende Überzeugung positiv um.

Da diese Prozesse oft unbewusst ablaufen, kann dies eventuell nicht ausreichend sein. Setzen Sie sich dann gezielt Erfahrungen aus, die ein neues Selbstbild aufbauen, oder tanken Sie Energie wie in Übung 38 beschrieben.

Fühlen Sie sich erfolgreich?

Übung 19
10 min

Nicht alle Überzeugungen sind unbewusst; manche von ihnen werden auf der Basis von gemachten Erfahrungen immer wieder neu erzeugt und bestätigt. Probieren Sie es aus: Auf der nächsten Seite finden Sie eine Linie, die die Zeitachse der letzten zehn Jahre Ihres Lebens darstellt. Skalieren Sie diese Linie in Zweierschritten mit Jahreszahlen oder Ihrem Alter. Beschriften Sie sie dann mit bemerkenswerten Ereignissen, Erfahrungen und Erlebnissen – und zwar positiven wie negativen.

Die eigentliche Übung besteht nun darin, dass Sie in einem Zweiergespräch eine kleine Biografie erzählen. Das können Sie sich geistig im inneren Monolog vorstellen oder auch mit einem Partner wirklich tun. Erzählen Sie Ihre Biografie in drei Versionen:

1. mit spontan aus der Zeitachse ausgewählten Einträgen,
2. nur mit negativen Einträgen der Zeitachse,
3. nur mit positiven Einträgen der Zeitachse.

Achten Sie dabei darauf, wie Sie erzählen und welche Gefühle Sie dabei empfinden, sowie auf mögliche Veränderungen in Ihrer Körperhaltung oder Atmung.

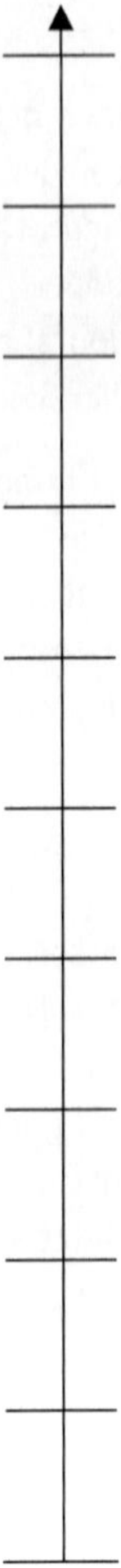

Lösung

Ich gehe davon aus, dass es Ihnen gelungen ist, drei Biografien zu konstruieren. Der entscheidende Unterschied liegt in den Gefühlen, die die Biografien während oder nach dem Erzählen nicht nur im Hörer, sondern vor allem in Ihnen wecken. Wer kann schon eine Biografie aus Misserfolgen mit optimistischem Lächeln und voller Selbstvertrauen erzählen?

Was Sie in einer konstruierten Übung getan haben, passiert automatisch im Alltag, wenn Sie von sich selbst erzählen. Alle Ereignisse sind vergangen, aber im Moment des Erzählens werden sie, meist zusammen mit den damit verbundenen Gefühlen, reaktiviert. Deshalb erleben Sie in der Gegenwart die Gefühle der Vergangenheit.

Praxistipps

- Kreieren Sie Ihre Geschichte so, dass sie einen positiven Einfluss auf die Gegenwart hat. Dazu müssen Sie das Vergangene nicht leugnen; Sie konzentrieren sich eben nur auf jene Ereignisse und Erfahrungen, die Sie in der Gegenwart weiterbringen. Konstruiert wird immer – entscheiden Sie, aus welchem Material!
- Natürlich kann auch das Umgekehrte vorkommen: In niedergeschlagener Stimmung wird es Ihnen schwer fallen sich an Ihre „Erfolgsbiografie" zu erinnern. Dann sollten Sie handeln: Bringen Sie Ihren Körper in eine andere Haltung, betrachten Sie Fotos Ihrer Erfolge oder materielle Ergebnisse Ihrer Erfolge, hören Sie Musik, die Ihnen Kraft gibt, Ihre Stimmung ändert! (Siehe auch Übungen 25, 26.)

Selbstmanagement Stufe 2: Vision

Von der Zielformulierung zur Vision

Übung 20
10 min

In dieser Übung geht es darum, Zielformulierungen in Visionen zu übersetzen. Visionen sind gefühlte, bildhafte Vorstellung(en) Ihrer Ziele und damit die Zentralen Ihres Selbstmanagements. Menschen träumen, erinnern, orientieren oder entscheiden sich nun einmal zu einem großen Prozentsatz anhand von Bildern. Gespräche, die Lektüre eines Buches oder Wünsche lösen innere Bilderfluten aus.

Wenn Sie die Zielmatrix von Übunq 14 anqeleqt haben, stehen dort idealerweise zwölf Ziele. Wie wollen Sie diese mit einem Kurzzeitgedächtnis managen, das maximal sieben Inhalte bewältigen kann, wie man heute weiß? Die Lösung heißt „Chunking" und kommt aus dem Gedächtnistraining: Informationen werden zu größeren Einheiten zusammengefasst. So funktioniert auch die Vision: Sie fasst Einzelziele zu Einheiten zusammen, weckt Gefühle, Identifikation und Motivation. Suchen Sie sich eine der Zielformulierungen aus Übung 10 aus, schließen Sie die Augen und füllen Sie sie mit Bildern und Leben. Machen Sie Ihre Vision daraus!

Lösungstipps

- Nehmen wir an, Ihre Zielformulierung wäre es, ein glückliches Familienleben zu genießen. Schmücken Sie diese einfache Formulierung mit Episoden gewünschten Erlebens aus, z. B.: Wo stellen Sie sich das vor, mit wie vielen Kindern, welche Situation sehen Sie unwillkürlich vor sich ... Daraus ergeben sich unmittelbar verschiedene Ziele: Beziehung, Elternschaft, Haus. Auch zunächst verborgene Ziele gehören dazu, z. B. der Beruf, der die finanzielle Basis für Haus, Garten und Familie darstellt.

- Nutzen Sie Ihre in Übung 7 notierten Wünsche und Ihre Zielformulierungen (Übung 10), um Visionen für jeden Bereich Ihres Selbstmanagements zu schaffen.
- Sie können das Entwickeln einer Vision als Mentaltraining betrachten und unterschiedliche Szenarien durchspielen. Entscheiden Sie sich für das Szenario mit dem höchsten Energiegehalt.

Lösung

Visionen erleben Sie immer in der Gegenwart. Ihr Gehirn, das nicht unterscheiden kann, ob die Situation nur vorgestellt oder real ist, erlebt keine Diskrepanz zwischen Selbstbild und Zielbild. Sie umgehen so Akzeptanzprobleme, wie sie beim schriftlichen Formulieren von Zielen auftreten können.

Praxistipp

Einfache Visionen reichen bei Menschen, die den auditiven oder kinästhetischen Wahrnehmungskanal bevorzugen, vielleicht nicht aus. Integrieren Sie dann bewusst Musik oder Stimmen in Ihre Vision oder kombinieren Sie diese mit einer Körperhaltung oder Bewegung – immer dann, wenn Sie sich damit beschäftigen.

Körper

In diesem Kapitel lernen Sie,

- Stress als unterschätzte Blockade zu erkennen,
- Ihren Körper als Partner wahrzunehmen,
- Achtsamkeit für die Botschaften Ihres Körpers zu entwickeln.

Darum geht es in der Praxis

Vielleicht haben Sie sich schon gefragt, was der Körper mit Selbstmanagement zu tun hat. Der Körper ist das Kapital, mit dem wir auf diese Welt kommen, doch wir sind uns seiner in vielen Momenten nicht bewusst – solange er so funktioniert, wie wir es wollen. Oder nehmen Sie, während Sie diese Zeilen lesen, Ihre verspannten Muskeln oder Ihre bandscheibenschädliche Sitzhaltung wahr?

Hier setzt dieses Kapitel an. Es will Ihnen neue Möglichkeiten eröffnen, mit denen Sie die Intelligenz Ihres Körpers nutzen können, um Ihre Ziele zu erreichen und Ihre Visionen Realität werden zu lassen. Nichts zeigt z. B. deutlicher als Stressreaktionen, wie abhängig wir von unserem Körper sind. In einer bedrohlichen Situation, in der früher in Bruchteilen von Sekunden die Entscheidung Flucht oder Kampf getroffen werden musste, sorgte der Stressmechanismus für die Bereitstellung der benötigten Energie – für unsere Vorfahren ein überlebenswichtiger Mechanismus.

Zum Problem wird der Stressmechanismus heute, wenn er psychisch, von Gedanken oder Gefühlen, unliebsamen oder unerfreulichen Situationen ausgelöst wird. Dann nämlich fehlt es an Möglichkeiten, die bereitgestellte Energie abzubauen. Wurde das früher idealerweise durch Bewegung – Kampf oder Flucht – besorgt, so fehlt heute viel zu oft dieses Ventil. Der Stress verbleibt im Körper und erhöht dort die Anspannung. Wie Sie diese Anspannung abbauen können, lernen Sie in den Übungen dieses Kapitels.

Stress: Die unterschätzte Blockade

Stressoren im Bereich Körper

Übung 21 5 min

Machen Sie sich auf den folgenden Seiten bewusst, was Sie stresst. Sie finden für jeden Bereich des Selbstmanagements eine Tabelle, in der bereits einige Stressoren vorgegeben sind. In den Leerzeilen ergänzen Sie eigene Stressoren. Mit den Spalten „Akut" und „Generell" unterscheiden Sie, ob Sie eine kurz- oder langfristige Strategie benötigen.

Stressor	Akut	Generell
Mangelnde Fitness		
Zu wenig Bewegung		
Schlaf (schlecht, zu wenig)		
Krankheit(en)		
Allergie(n)		
Ungesunde Ernährung		
Genussmittel		
Alkohol		

Lösung

Ihr Körper ist das Startkapital für Ihr Leben. Indem Sie ihn annehmen, wie er ist, und seine (und damit Ihre) Bedürfnisse achten, schaffen Sie die Grundvoraussetzung dafür, dass Sie Ihr Leben so verwirklichen können, wie Sie es möchten. Das Selbstregulierungsprogramm Ihres Körpers versucht, das Energielevel konstant bzw. hoch zu halten und Spannungen abzubauen. Dabei hilft dem Körper vor allem Bewegung. Da dies am Arbeitsplatz nur begrenzt möglich ist, greift man eher zu Kaffee, Zigaretten oder Süßem, sucht das Gespräch mit Kollegen oder abends die vermeintliche Entspannung vor dem Fernseher. Machen Sie sich bewusst, dass dies nur Ersatzhandlungen sind.

Praxistipps

Spüren Sie in Ihren Körper hinein, um seine ursprünglichen Bedürfnisse herauszufinden. Versuchen Sie, sie so oft wie möglich zu befriedigen, z. B. indem Sie

- nach der intensiven Besprechung über die Treppe zurück an den Arbeitsplatz gehen.
- bei sitzender Tätigkeit immer wieder Ihre Muskulatur gezielt an- und entspannen.
- sich beim Aufstehen strecken, im Stehen telefonieren, sich dabei gelegentlich auf die Zehen stellen ...

Bauen Sie viele kleine zusätzliche Bewegungen in Ihren Alltag ein. Jede Muskelaktivität erhöht die Sauerstoffversorgung im Gehirn und stärkt Ihre Selbstwahrnehmung.

Stressoren im Bereich Tun

Übung 22
5 min

Stressor	Akut	Generell
Schlechte Arbeitsorganisation		
Voller Schreibtisch		
Mangelnde Absprachen		
Termindruck		
Unklare Ziele		
Sich verzetteln		
Zu viel Verantwortung		
Nicht nein sagen können		

Lösung

Arbeiten Sie unter Druck am besten? Terminhektiker gibt es überall, und meist behaupten sie, dass diese Arbeitsweise keine qualitativen Nachteile hat. Das stimmt jedoch nur, wenn der Termindruck keine physiologische Stressreaktion auslöst. Wenn Ihr Gehirn überflutet wird mit Adrenalin und Noradrenalin, haben Sie eine Denkblockade. Der Stressmechanismus blockiert Lernprozesse und persönliches Wachstum. Er zwingt Sie meist in automatisierte Handlungsroutinen. Kreative Lösungen fallen Ihnen allerdings so nicht ein.

Praxistipps

- Planung ist ein Hilfsmittel, kein Gesetz, und auch Pläne müssen kurzfristig an veränderte Bedingungen angepasst werden. Wenn Sie Abweichungen von Ihrem Tagesplan häufig in Stress versetzen, prüfen Sie Ihre Pläne und Ihre Einstellung dazu. Das Ergebnis der Aufgabe ist wichtiger als die strikte Einhaltung eines Plans. Je nach vorherrschender Zeitorientierung (siehe Übung 4) fällt Ihnen das leicht oder schwer. Machen Sie sich klar: Planung ist gut, flexible Planung ist besser.
- Viele Stressoren im Bereich Tun lassen sich durch Arbeitsmethodik und Zeitmanagement reduzieren. Wenn Sie etwas generell in Stress versetzt, brauchen Sie eine andere Lösung als bei akuter Problemlage. Nehmen Sie das Ergebnis dieser Übung zum Anlass, einmal gründlich nachzudenken: Was können Sie tun, um diesen generellen Stressoren zu begegnen?

Stressoren im Bereich Sein

Übung 23

5 min

Stressor	Akut	Generell
Kein Hobby (oder keine Zeit dafür)		
Fehlende Entspannung		
Keine/wenige Freunde		
Unharmonische Partnerschaft		
Unerfüllte Sexualität		
Unlust		
Energielosigkeit		
Katastrophendenken		

Lösung

Stress in diesem Lebensbereich kann viele verschiedene Ursachen haben:

- Durch die unausgewogene Balance von Tun und Sein kommt vor lauter Arbeit die Familie zu kurz.
- Beziehungsprobleme und Schickschalsschläge sind starke Stressoren, die verarbeitet werden wollen. Vielleicht brauchen Sie Rückzug und Zeit?
- Eine Häufung vieler kleinerer Nackenschläge, die immer wieder den Stressmechanismus auslösen, kann gravierender sein als einzelne Stressspitzen.

Praxistipp

- Ihre eigene Einstellung und Weltsicht kann per se Stress fördern. Prüfen Sie Ihre Erwartungen an sich und andere. Akzeptieren Sie, dass Menschen unterschiedlich denken und handeln und dass Sie das nicht kontrollieren können.
- Eignen Sie sich hilfreiche Glaubenssätze an, z. B.:
  - Was in mein Leben kommt, kann ich bewältigen.
  - Ich vertraue bedingungslos meiner inneren Kraft.
  - Ich bin geduldig und liebenswürdig zu mir selbst.
- Senken Sie den Stress in diesem Lebensbereich, indem Sie überlegen, was Sie wirklich wollen; entwickeln Sie Visionen und achten Sie darauf, ihnen näher zu kommen. Weitere Hinweise finden Sie in den Übungen im nächsten Kapitel zum Thema Sein.

Stressoren im Bereich Sinn

Übung 24
5 min

Stressor	Akut	Generell
Kein Lebensziel		
Unbeantwortete Fragen nach dem Lebenssinn		
Unbewusste persönliche Werte		
Handeln orientiert sich an keinen oder diffusen Werten		
Verschütteter Kontakt zum Selbst		
Noch nicht stark entwickeltes Selbstwertgefühl		
Keine Meinung zu grundsätzlichen Fragen des Lebens		
Kein Lebensziel		

Lösung

Werte sind Maßstäbe, an denen sich das Handeln orientiert. Oft sind es die persönlichen Werte, die Sinn stiften und Kraft geben. Spürbare, sichtbar gelebte Werte und Überzeugungen sind die Basis für eine positive, kongruente Ausstrahlung und natürliche Autorität (z. B. als Führungskraft).

In dieser Form gelebte, aktive Werte können zu positiven Automatismen werden, die Ihnen ohne großes Nachdenken Orientierung geben, da Sie Ihnen in Fleisch und Blut übergegangen sind.

Vorhandene Werte nicht zu leben und diese Diskrepanz bewusst oder unbewusst zu spüren, ist einer der größten Energiefresser und Stressverursacher. Wenn Ihnen wiederum Werte fehlen, müssen Sie sich immer wieder von außen motivieren lassen oder bei Entscheidungen ständig neue Kriterien finden, an denen Sie sich ausrichten. Das ist wenig effizient, ein klassischer Zeitfresser und die Ursache von Stress.

Praxistipps

- Machen Sie sich bewusst, welches Ihre großen Stressoren im Bereich Sinn sind. Bei Bedarf ergänzen Sie die Liste. Wie können Sie diese Risikofaktoren ausschalten?
- Dabei unterstützt Sie das letzte Kapitel des Buches. Indem Sie es durcharbeiten und sich bewusst machen, welche Werte Sie haben, gewinnen Sie Energie und reduzieren die Anzahl Ihrer Stressoren.

Der Körper als Partner

Ins Hier und Jetzt kommen

Übung 25
5 min

Ein Meeting jagt das nächste, Kollegen kommen ständig mit Fragen. Sie haben zu wenig Zeit, den letzten Termin nach- und den nächsten vorzubereiten. Eigentlich sollten Sie über eine wichtige Entscheidung nachdenken, und die Kinder müssen auch noch abgeholt werden ... Diese Übung zeigt Ihnen Alternativen, wie Sie solchen stressigen Situationen begegnen können.

- Schalten Sie in der Situation immer wieder auf bewusstes, tiefes Atmen um.
- Ändern Sie die Körperhaltung, wenn Sie in einem Problem feststecken, stehen Sie auf und gehen Sie ein paar Schritte – und wenn es nur in einen anderen Raum ist.
- Nehmen Sie eine aufrechte Haltung ein und entspannen Sie bewusst Ihre Muskeln. Stellen Sie sich vor, Sie würden wie eine Marionette am Scheitel nach oben gezogen – Sie werden sich ganz von selbst aufrichten.
- Schauen Sie ruhig atmend Richtung Horizont, lassen Sie Ihren Blick schweifen. Kommen Sie nur durch Schauen auf das, was ist, zur Ruhe und in die Gegenwart.
- Lernen Sie mit drei Bällen jonglieren, um Haltung und Augen zu entspannen und die Aktivität Ihrer Gehirnhälften zu harmonisieren.

Lösung

Normalerweise reagieren Sie auf Stress mit der Ausschüttung von Hormonen, die Ihren Körper auf Kampf oder Flucht programmieren. Doch dabei verlieren Sie an geistiger Flexibilität und an Problemlösungspotenzial.

Lenken Sie die Energie des Stressmechanismus mit den Übungen um. Indem Sie das regelmäßig tun, werden Sie dank erhöhter Konzentration, Aufmerksamkeit und Wachheit zum „Wellenreiter". Ihr Körper wird voller Energie sein, die Muskeln entspannen sich oder arbeiten, die Atmung wird ruhig und tief, Ihre Wahrnehmung ist auf die Gegenwart fokussiert. Sie nutzen die Energie des Stressmechanismus, ohne in eine Denkblockade zu geraten, und reiten die Welle Richtung Erfolg.

Praxistipps

- Die Alternativreaktion müssen Sie trainieren, damit sie ebenso automatisiert ablaufen kann wie die traditionelle physiologische Stressreaktion. Nutzen Sie Ihren Körper, um in die Gegenwart zu kommen, und wenden Sie die Übungen regelmäßig am Arbeitsplatz und in belastenden Situationen an.
- Nehmen Sie den Tipp mit der Balljonglage wörtlich. Jonglieren Sie nicht mit Tüchern, auch wenn es ein leichter Einstieg ins Jonglieren zu sein scheint. Tuchjonglage ist mit der Jonglage mit drei Bällen nicht zu vergleichen und hat deutlich weniger positive Effekte.

Körperbewusst leben

Übung 26

5 min

Machen Sie einmal die Probe aufs Exempel: Halten Sie sich für selbstbewusst? Drückt das Ihre Haltung aus?

1 Stellen Sie sich am besten vor einen Spiegel, in dem Sie sich vom Scheitel bis zur Sohle sehen können.

2 Nehmen Sie nun eine schlaffe, vielleicht sogar ein wenig gebückte Haltung ein, lassen Sie die Schultern hängen, senken Sie den Blick und sagen Sie laut: „Ich bin selbstbewusst und erfolgreich." Nehmen Sie sich das ab?

3 Richten Sie sich nun auf, sehen Sie ein imaginäres Gegenüber direkt an und wiederholen Sie den Satz.

Wie ist das Ergebnis? Hat sich etwas verändert? Wie kommen Sie nun bei sich selbst an?

Lösung

Mit gesenktem Blick und schlaffer Haltung können Sie niemanden davon überzeugen, dass Sie erfolgreich sind. Zwar werden Sie von dem Befehl „Brust raus, Kopf hoch" allein auch noch kein selbstbewusster Mensch, aber Sie geben sich und der Umwelt ein Signal: „Ich bin präsent!" An der veränderten Reaktion der anderen werden Sie merken, wie positiv Sie ankommen. Und das wiederum gibt Ihnen die nötige Bestätigung, um die äußere Haltung mit der Zeit auch zu verinnerlichen.

Praxistipps

- Sensibilisieren Sie sich für die Wechselwirkungen zwischen Denken, Fühlen und Handeln. Probieren Sie neue Körperhaltungen und Rahmenbedingungen aus:
  - Lernen Sie Körpersignalen vertrauen: z. B. dem „Grummeln" im Bauch bei einem Geschäftsabschluss oder dem Energiekick bei der souveränen Lösung einer Aufgabe.
  - Wenn Sie mit einem Problem nicht weiterkommen, verändern Sie Ihre Haltung, verschaffen Sie sich Bewegung, atmen Sie tief durch.
  - Tauschen Sie bei kurzen Meetings die normalen Tische gegen Bistrotische aus und machen Sie eine „Stehung" statt eine Sitzung. So werden Sie zu einer anderen Haltung gezwungen sein.
- Im Bereich der Körpertherapien gibt es viele Ansätze, mit denen Sie Ihre Körperwahrnehmung verbessern können. Versuchen Sie es doch einmal mit
  - Focusing: schult die Körperwahrnehmung und bietet einen Zugang zu unbewussten, jedoch im Körper präsenten vergangenen Erfahrungen und Gefühlen.
  - Alexander-Technik: lehrt den anatomisch richtigen „Gebrauch" des Körpers.
  - Rolfing: balanciert Ihre Körperstruktur aus.
  - Feldenkrais: macht durch minimale, einfache Bewegungen die Zusammenhänge von Bewegung, Fühlen und Wahrnehmen bewusst.

Frieden schließen mit dem Körper

Übung 27
5 min

Haben Sie manchmal das Gefühl, dass Sie Krieg führen mit Ihrem Körper? Dass er manchmal etwas anderes will als Sie? Stellen Sie sich eine Situation vor, die negative Gefühle in Ihnen auslöst. Als Beispiel: Sie haben schon zwei Tage an einer kniffligen Aufgabe gesessen und glauben nun, auf dem richtigen Weg zu sein. Da kommt Ihr Vorgesetzter und ändert einige entscheidende Parameter ab. Die bisherige Arbeit war für die Katz. Und außerdem merkt er an, dass Ihr Kollege schon viel weiter sei ...

1. Atmen und beobachten Sie, was in Ihrem Körper passiert, welche Gefühle auftauchen. Lassen Sie einen Teil Ihres Bewusstseins bei Ihrer Atmung. Sie ist Ihr Anker auf dieser Entdeckungsreise.
2. Was tun Sie normalerweise in einer solchen Situation? Womit lenken Sie sich ab, um das negative Gefühl (hier Frustration) nicht spüren zu müssen?
3. Lassen Sie das Gefühl, dem Sie am liebsten ausweichen würden, nach oben kommen; beobachten und benennen Sie es, aber identifizieren Sie sich nicht damit. Nehmen Sie es nur wahr, ohne es zu bewerten.
4. Fragen Sie sich, was dieses Gefühl braucht. Meist sind dies Werte wie Anerkennung, Erlaubnis, Mitgefühl, Achtung u.Ä. Geben Sie gedanklich, symbolisch oder tatsächlich dem Gefühl das, was es braucht.

Lösung

Immer, wenn Sie Körperbedürfnisse ignorieren, wenn Sie mit Ersatzreaktionen wie Genussmitteln oder Ablenkungen auf einen körperlichen Impuls antworten, führen Sie Krieg mit oder in Ihrem Körper. Hauptursache für diese Gefechte sind Emotionen: Gefühle, die Sie wahrnehmen, aber nicht spüren wollen. Schauplatz ist Ihr Körper, doch die Lösung lautet: Öffnen Sie Ihr Herz für Ihre Gefühle.

Können Sie in verschiedenen negativen Situationen wiederkehrende Reaktionen bei sich entdecken? Was tun Sie in solch einem Fall? Welche Genussmittel oder Ablenkungen bevorzugen Sie, wenn Sie etwas nicht spüren wollen? So verständlich dieses Verhalten ist, es bringt Sie weder in Ihrer Persönlichkeit noch in Ihrem Selbstmanagement weiter.

Praxistipps

- Sie verringern den Quotienten der Erfolgsformel (Übung 3), indem Sie diese Gefühle annehmen und integrieren, ohne sie intensiv zu durchleben.
- Seien Sie gut zu sich selbst. Nehmen Sie sich eine kurze Auszeit entweder unmittelbar nach der Situation oder später, um dem Gefühl nachzuspüren.
- Vielleicht müssen Sie aber auch Druck ablassen: Gehen Sie in die Natur und schreien Sie Ihren Frust hinaus oder kaufen Sie sich einen Punchingball oder ein festes Kissen zum Durchprügeln.

Sein

In diesem Kapitel erkennen Sie

- welche Bedeutung soziale Kontakte für Ihr Selbstmanagement haben,
- in welchen Bereichen Ihre Energiequellen und Energiefresser liegen,
- wie Sie Ihr Leben unter ein allgemeines Motto stellen können.

Darum geht es in der Praxis

Während es im Kapitel „Tun" vor allem um Handeln, um Tatkraft, um Fähigkeiten und das Erreichen von Zielen ging, öffnet das Kapitel „Sein" den Blick für das Leben als Ganzes. Kaum jemand lebt für sich allein. In welche Beziehungsgeflechte und Netzwerke sind Sie selbst eingebunden? Aus welchen Bereichen ziehen Sie Lebensfreude und -kraft? Wo verstecken sich Ihre Energiefresser, die „schwarzen Löcher" Ihres sozialen Lebens?

Das Kapitel Sein unterstützt Sie beim Blick auf Ihr Umfeld, bei der Orientierung innerhalb Ihres Umfeldes. Neben der Bestandsaufnahme bietet es Anregungen zur Orientierung und Ausrichtung innerhalb Ihres Umfeldes.

Natürlich kann die Betrachtung des „Seins" nicht nur nach außen gerichtet erfolgen. Gerade die Beziehung zu Ihnen selbst bestimmt in hohem Maße die Qualität Ihrer Beziehungen zu anderen Menschen. Daher richtet dieses Kapitel auch den Blick nach Innen, fragt allgemein nach der Basis Ihrer Lebensgestaltung, z. B. welche Talente Sie an sich entdecken, welche Rolle Vorbilder oder Mentoren in Ihrem Leben spielen, was Sie gegen die Routine des Alltags tun, oder wie viel Glück Sie bereit sind auszuhalten. Damit kann eine Auseinandersetzung mit Ihrem inneren Dialog, der letztlich Ihre Überzeugungen über Sie selbst widerspiegelt, beginnen. Sie erhalten Anregungen wie Sie Ihren inneren Dialog positiv gestalten, sich selbst ausrichten und Ihre Energie steigern können.

Eine Bestandsaufnahme machen

Die Rollen in Ihrem Leben

Übung 28
10 min

Sie sind eingebunden in berufliche, familiäre und soziale Beziehungsgeflechte. Manches ist frei gewählt, anderes hat sich entwickelt oder Sie wurden hineingeboren. Grob kann man unterscheiden zwischen folgenden Rollen:

- **Private Rollen:** z. B. Vater oder Mutter, Tochter oder Sohn, Opa oder Oma, Ehe- oder Lebenspartner, Geliebte oder Geliebter, Freund oder Freundin.
- **Berufliche Rollen:** z. B. Berufsbezeichnung, Hierarchiestufe, Funktionsträger (Vertrauensfrau, Sicherheitsbeauftragter), Vorgesetzter, Führungskraft, Kollege, Vermieter, Unternehmer.
- **Soziale Rollen:** z. B. in Vereinen, Kirchengemeinden, sozialen oder karitativen Organisationen, aber auch als Nachbar, Mitbewohner, Mieter.
- **Persönliche Rollen:** Rollen, die aus Ihrem Selbstbild oder Ich kommen, die aufgrund gesellschaftlicher Konventionen angenommen wurden oder in die Sie hineingewachsen sind: z. B. Frauenheld, süße Maus, cooler Typ, erfolgreiche Geschäftsfrau, Außenseiter, Klassenprimus, Rebell, Opfer.

Machen Sie sich klar, welches die wesentlichen Rollen sind, die Sie auf der Bühne Ihres Lebens spielen, und tragen Sie sie auf der nächsten Seite ein.

Meine privaten Rollen:

Meine beruflichen Rollen:

Meine sozialen Rollen:

Meine persönlichen Rollen:

Ihre Rollen bewerten

Übung 29

10 min

Sich der eigenen Rollen bewusst zu werden ist nur der Anfang. Für Ihr Selbstmanagement und die Entwicklung Ihres Potenzials ist eine Bewertung einzelner Rollen interessant. Dafür bieten sich verschiedene Kriterien an, die in der Tabelle durch Symbole ausgedrückt sind. Indem Sie die Symbole mit einem bis drei Pluszeichen (+) oder Minuszeichen (-) markieren, drücken Sie die Bedeutung des einzelnen Parameters für die jeweilige Rolle aus.

☼ Ihr Wohlfühlfaktor in einzelnen Rollen

⇧⇩ Energiebilanz: Investierte Ressourcen
(z. B. Zeit, Geld) und deren Rückfluss;
Pfeil nach oben = Input, Pfeil nach unten = Output

🕒 Zeitanteil in einzelnen Rollen.

Private Rollen (z. B. Mutter)	☼☼	⇧⇩	🕒
Berufliche Rollen (z. B. Kollege)	☼☼	⇧⇩	🕒

Soziale Rollen (z. B. Mitbewohner)	☼☼	⇧⇩	🕛
Persönliche Rollen (z. B. Rebell)	☼☼	⇧⇩	🕛

Lösung

Neben der rein optischen Übersicht über Ihre Rollen aus Übung 28 kann Ihnen ihre Analyse und Bewertung erste Impulse zu einer Neuausrichtung geben:

- Ist es für Sie in Ordnung oder sollten Sie etwas daran verändern? Fühlen Sie sich wohl in Ihren Rollen oder sind Sie ihnen bereits entwachsen? Entscheiden Sie, in welchen Rollen Sie (neue) Schwerpunkte setzen möchten. Definieren Sie Ihre Schlüsselrollen für Ihr Leben oder die derzeitige Lebensphase.
- Sind Sie zufrieden mit der Zeit, die Sie mit den einzelnen Rollen verbringen, oder möchten Sie etwas umschichten? Verbringen Sie die meiste Zeit in Rollen, die Ihnen wichtig sind? Oder sind manche Rollen einfach dadurch wichtig, dass Sie viel Energie daraus ziehen?

- Je mehr Sie Ihre Stärken (aus)leben, desto leichter wird das Leben und desto erfolgreicher können Sie sein. Liegen Ihre Schwerpunkte auf Rollen, die einen hohen „Stärkenanteil" haben?
- Finden Sie die „Einstellungen" Ihrer Rollen heraus: Für jede Rolle gibt es bestimmte Kleidung und Requisiten, Körperhaltung, Mimik und Gestik, Sprache (Wortwahl, Klang, Artikulation) sowie Drehbuchvorgaben für die Akteure wie „geistreich", „einfältig", „aktiv", „hilflos".

Praxistipps

Ein erfülltes Leben bedarf einer ausgeglichenen Energiebilanz. Wenn Sie in viele Lebensrollen Energie investieren, ohne einen entsprechenden Rückfluss zu erhalten, laugen Sie sich auf Dauer aus:

- Prüfen Sie jede Rolle darauf hin, ob Ihr Verhalten, Ihre Einstellung oder Ihre Empfindungen dazu passen.
- Ergänzen Sie Ihre Rollen durch eine Rollenbeschreibung. Spüren Sie nach, ob und wie sich je nach Rolle Ihre Körperhaltung und -spannung verändert.
- Welche Handlungsspielräume haben einzelne Rollen? Womit fühlen Sie sich wohl? Wo erreichen Sie Ihre Grenzen oder die der Rolle?
- Notieren Sie auf einem Extrablatt Ihre Stärken, die in der jeweiligen Rolle gefordert oder gefördert werden.
- Wenn Sie ein Notizbuch angelegt haben, können Sie auch in einer Mind Map alle Rollen und Bewertungen mit den damit verbundenen Gedanken sammeln.

Das Netz Ihrer Beziehungen

Übung 30
20 min

In dieser Übung blicken Sie nun nicht mehr auf sich, sondern auf die Menschen in Ihrem Umfeld. Auf der folgenden Seite haben Sie Platz, Ihr Beziehungsnetz abzubilden.

1 Tragen Sie Ihren Namen in der Mitte der Wolke ein. Malen Sie für jeden Ihnen wichtigen Menschen einen Kreis und notieren Sie darin dessen Namen.
   - Allein durch den Abstand, den die Kreise von Ihnen als Mittelpunkt haben, können Sie Ihre Nähe zu den einzelnen Beziehungspersonen und damit oft auch schon deren Bedeutung ausdrücken.
   - Wenn Sie die Kreise in verschiedenen Farben anlegen, können Sie die einzelnen Lebensbereiche (privat, geschäftlich, Familie), über die Sie mit den Menschen verbunden sind, in gleicher Farbe darstellen.

2 Nun bewerten Sie jeden Kontakt mit kleinen Symbolen, so wie in der Tabelle Ihre Rollen. Mögliche Kriterien wären wie dort: die miteinander verbrachte Zeit, Ihr Wohlfühlfaktor in der Beziehung, Ihre Energiebilanz: investierte Ressourcen (z. B. Zeit, Gefühle) und Rückfluss (z. B. Freude, Unterstützung).

Praxistipps

- Lassen Sie das entstandene Bild auf sich wirken. Ist es für Sie „rund"? Sind Sie zufrieden mit dem, was Sie sehen? Erkennen Sie Bereiche und Kontakte, an denen Sie arbeiten wollen, oder kann alles beim Alten bleiben?
- Machen Sie aus Ihren Bewertungen keine betriebswirtschaftliche Erhebung! Erwarten Sie nicht, dass die Unterstützung, die Sie z. B. einem Kollegen zukommen lassen, sofort von diesem an Sie „zurückgezahlt" wird. Betrachten Sie Ihren Input eher als Energieeinspeisung ins Leben, aus dem letztlich auch Ihr Rückfluss kommt – nur vielleicht von einer ganz anderen Seite. Ein Trainerkollege hat einmal die Umsätze verglichen, die er durch Kollegenempfehlungen tätigen konnte, mit denjenigen, die Kollegen durch seine Empfehlung tätigten. Die beiden Beträge waren etwa gleich hoch. Dabei waren die Empfehlenden und die Empfohlenen völlig verschiedene Personen!
- Entwickeln Sie Zukunftsperspektiven:
  - Welche Beziehungen will ich weiterhin pflegen, welche intensivieren, welche loslassen?
  - Bin ich generell mit der Qualität und Quantität meiner Beziehungen zufrieden? Was möchte ich ändern?
  - Ist irgendwo ein Ungleichgewicht zu erkennen? Investiere ich zu viel und bekomme zu wenig zurück?
  - In welchem Bereich habe ich vielleicht zu wenige Beziehungen? Wie kann ich daran etwas ändern?

Perspektiven entwickeln

Übung 31
20 min

Was wünschen Sie sich für die Zukunft? Wie möchten Sie in zehn, zwanzig oder dreißig Jahren leben? Welche Wünsche sollen sich bis dahin erfüllt haben?

2015

2025

2035

2045

Lösung

In Übung 7 wurden schon einmal Ihre Wünsche abgefragt. Hier liegt nun der Fokus auf einer zeitlichen Perspektive: Sie können sich durch die Jahrzehnte träumen.

Das Leben lässt sich natürlich nicht festlegen und auf Jahrzehnte im Voraus planen. Glückliche Zufälle können es ebenso von einem Moment zum anderen verändern wie schreckliche Schicksalsschläge. Eine gewisse „gesunde Blindheit" vor möglichen Schicksalsschlägen gehört ebenso zum Leben des Menschen wie eine gewisse Risikounterschätzung: „So etwas passiert mir doch nicht!"

Dennoch ist es sinnvoll, Perspektiven für die Zukunft zu entwickeln. Würde man sich ständig damit aufhalten, was passieren könnte – man wäre handlungsunfähig und würde sich nicht einmal mehr auf die Straße wagen, weil einem ja der berühmte Ziegelstein auf den Kopf fallen könnte.

Praxistipps

- Die Beschäftigung mit der Zukunft soll Ideen zutage fördern. Diese Übung möchte Ihnen die Augen öffnen für Ihr Potenzial, damit Sie aus der Fülle von Möglichkeiten diejenigen herausfinden, die am besten zu Ihnen passen und die Ihnen am wertvollsten erscheinen. Lassen Sie sich auf Ihre Ziele und Visionen ein und unternehmen Sie erste Schritte, um sie zu erreichen.
- Übertragen Sie Ihre Wünsche aus Übung 7, die Sie dort ohne Zeitkriterien aufgeführt haben, nun in die passende Zeitperiode.

Talente, Hobbys und Neigungen

Übung 32

10 min

Um Ihre Visionen realisieren zu können, sollten Sie sich Ihre Stärken bewusst machen, die Sie dabei unterstützen können. Vervollständigen Sie spontan die folgenden Sätze.

Mir fällt leicht:

____

____

____

Mir bereitet Freude:

____

____

____

Das tue ich, ohne eine Gegenleistung zu erwarten:

____

____

____

Darum werde ich oft von anderen gebeten:

____

____

____

Lösung

Oft achtet man das, was einem leicht fällt, gering und weiß es nicht zu schätzen: „Das ist doch nichts Besonderes, ich kann es eben." Tätigkeiten oder Fähigkeiten, die Ihnen leicht fallen, sind meist im Bereich persönlicher Stärken angesiedelt.

Bereits bei der Bewertung Ihrer Rollen wurde darauf hingewiesen, dass großer Erfolg nur im Bereich persönlicher Stärken möglich ist. Lernprozesse laufen schneller ab, Sie können rascher als andere ein klares Profil und größeres Knowhow aufbauen. Ihre Motivation steigt, da Sie mehr Erfolgserlebnisse verzeichnen, was gleichzeitig auch Ihr Selbstwertgefühl stärkt. Sie merken: Eine Erfolgsspirale zeichnet sich ab. Beachten Sie ab sofort diese Dinge genauer.

Praxistipps

- Weitere Hinweise auf Ihre Stärken finden Sie in Ihren Hobbys, bei Themen, Dingen oder Beschäftigungen, die Sie seit langem pflegen oder die Sie schon viele Jahre lang begleiten.
- Selbst Frustrationen und Widerstände können wichtige Anhaltspunkte liefern: Da die meisten Menschen frustriert sind, wenn sie ihre Stärken nicht leben können, erlauben auch Frustsituationen aussagekräftige Rückschlüsse. Hinterfragen Sie sie unter diesem Gesichtspunkt.

Schwächen

Übung 33
10 min

Sie kennen nun Ihre Stärken. Und wie steht es mit den so genannten Schwächen? Eine Schwäche ist nicht, wie oft behauptet, das Gegenteil von Stärke, sondern vielmehr eine übertriebene Stärke. Stärken, die Sie „überdrehen" und ohne Blick für die Situation einsetzen, werden zur Schwäche. Machen Sie ein kleines Brainstorming: Welche Stärken übertreiben Sie manchmal? Was könnten Sie dagegen tun?

Ein Beispiel: Der sorgfältig arbeitende Kollege lässt vor lauter Gewissenhaftigkeit alle Termine platzen und wird mit seiner Arbeit nicht fertig. Seine Pedanterie hält den ganzen Betrieb auf. Die Lösung: Er sollte erkennen, dass die Stärke Genauigkeit kein Naturgesetz ist und nicht alle Arbeitsergebnisse perfekt sein müssen. Das Ziel wäre, die Stärke der Situation anzupassen und zielorientiert einzusetzen.

Meine „Schwächen" im Bereich Tun:

____

____

Das kann ich dagegen tun:

____

____

Meine „Schwächen" im Bereich Körper:

____

____

Das kann ich dagegen tun:

____

____

Meine „Schwächen" im Bereich Sein:

____

____

Das kann ich dagegen tun:

____

____

Meine „Schwächen" im Bereich Sinn:

____

____

Das kann ich dagegen tun:

____

____

Praxistipp

Der Gegensatz einer persönlichen Stärke ist eine Begrenzung: etwas, das Sie noch nicht können oder wissen. Diesen „Mangel" können Sie durch Lernen ausgleichen. Dafür ist Ihr Gehirn optimiert. Allerdings müssen Sie manchmal auch Begrenzungen akzeptieren lernen, weil sie unabänderlich sind.

Unterstützung in Ihrem Sein

Intuition

Übung 34
5 min

An Heiligabend wollte ich eine Lichterkette für den Christbaum kaufen. Zuerst hatte ich den Impuls, zu dem kleinen Elektrogeschäft im Dorf zu fahren, beschloss aber doch, in die nächste Stadt zu fahren, da ich dort doch viel wahrscheinlicher das Gesuchte bekommen würde. Zwei Stunden und fünf Geschäfte später (in denen die Lichterkette ausverkauft war) stand ich im kleinen Dorfladen und kaufte die Lichterkette!

Nutzen Sie die Eingebungen Ihrer Intuition. Wenn Ihre Ziele in Ihnen präsent sind und Ihre Mission in Ihnen wirkt, werden Sie plötzliche Impulse haben, die Sie eher ans Ziel bringen.

1 Suchen Sie nach Situationen in der Vergangenheit, in denen Sie inneren Impulsen folgten, und Situationen, in denen Sie sich gegen Ihre Intuition entschieden. Mit jeweils welchem Ergebnis?

____

____

____

____

____

2 Wie haben Sie Ihre Intuition wahrgenommen? War es eher ein Gefühl? Eine innere Stimme? Eine Art körperlicher Anziehung („Da muss ich hin")? War es Ihr unbewusster Wahrnehmungskanal?

____

____

____

Lösung

Ihr Leben, Ihre Ideen, Wünsche und Ziele, Ihre Persönlichkeit entfalten sich erst in der Zeit. Niemand kann wissen, wohin ein Weg letztlich führt. Es ist, als ob Sie eine Pergamentrolle eines antiken Textes lesen. Eine solche Rolle lässt sich, wie das Leben, nur langsam entrollen und Sie müssen kontinuierlich lesen und leben. Dabei kann niemand wissen wie der Text der Rolle, wie das Leben endet. Was jedoch immer wieder zu beobachten ist, sind die vielen „glücklichen" Zufälle, die passieren, wenn man sich einmal für einen Weg entschieden hat. Auch hier scheinen Selbstorganisationsprozesse abzulaufen, von denen noch die Rede sein wird. Diese „Zufälle" sind nicht vorhersehbar, daher können Sie sie auch nie als Handlungsintention in einer „smarten" Zielformulierung erfassen. Emotionalisierte Ziele, Visionen und Missionen sind konkret und unscharf genug, um diese „glücklichen Zufälle" zu nutzen. Wenn Sie Ihrer Intuition folgen, kommen Sie Ihrem Selbst und Ihren Zielen oft schneller näher als mit reiner Verstandestätigkeit.

Vorbilder und Mentoren

Übung 35

10 min

Eine effiziente Methode zu lernen ist, Menschen nachzuahmen, die schon können oder leben, was Sie anstreben. Erstellen Sie auf der nächsten Seite eine Liste (oder zeichnen Sie eine Mind Map): Welche Fähigkeiten oder Verhaltenweisen würden Sie gern selbst entwickeln? Für welche Ziele bedarf es noch bestimmter Soft Skills? Welchen Personen eifern Sie nach?

- Vorbilder sind Menschen, die mit ihrer ganzen Person oder einzelnen Fähigkeiten als Orientierung dienen. Vorbilder können lebende Personen, aber auch bereits verstorbene, berühmte oder bekannte Persönlichkeiten sein.
- Mentoren wiederum sind Menschen, die Ihnen ganz konkrete Ratschläge erteilen, Ihnen unter die Arme greifen, Sie praktisch fördern.
- Da man an anderen oft Fähigkeiten oder persönliche Eigenschaften bewundert, die man an sich selbst vermisst, ist es sinnvoll, das Thema bewusst anzugehen. Sehen Sie auch Ihre Wunschliste (Übung 7) nach Fähigkeiten oder Verhaltensweisen durch.
- Suchen Sie sich zu jedem Punkt in der ersten Spalte Menschen, die das Gewünschte bereits haben oder leben. Notieren Sie diese in der mittleren Spalte. In der rechten Spalte halten Sie Maßnahmen fest, mit denen Sie dem gewünschten Verhalten näher kommen.

Fähigkeit/ Eigenschaft/ Verhalten	Vorbild/Mentor	Maßnahmen

Lösung

Eine Beispiellösung könnte so aussehen: Für viele Menschen ist es eine große Herausforderung, vor anderen frei zu sprechen. Um dies mit weniger Stress zu tun, könnten Sie sich zum Ziel setzen, die eigenen Fähigkeiten als Redner zu verbessern. Geeignete Maßnahmen wären dann:

- Sehen Sie sich Aufzeichnungen berühmter Redner an, hören Sie sich ihre Reden an. Nehmen Sie sich einen beeindruckenden Redner zum Vorbild. Achten Sie auf seine Stilmittel, Gestik, Mimik, Tonfall und Körperhaltung und versuchen Sie, all dies selbst umzusetzen.
- Melden Sie sich in einem Rhetorikclub an (z. B. Toastmasters), um mit und vor Gleichgesinnten Reden halten zu lernen und eventuell einen Mentor zu finden, der Sie unter Ihre Fittiche nimmt.
- Natürlich sollte es aber nicht darauf hinauslaufen, dass Sie Ihre Vorbilder und Mentoren eins zu eins kopieren. Jeder Mensch hat schließlich seine eigene Art, mit den Dingen umzugehen – auch Sie. Ein übergeordnetes Ziel sollte daher sein, Ihren ganz persönlichen Redestil zu finden und im Laufe der Zeit zu verfeinern.

Praxistipp

Erstellen Sie eine Collage mit Bildern Ihrer Vorbilder und Mentoren. In herausfordernden Situationen oder Krisen setzen Sie sich davor und überlegen ganz konkret: „Wie hätte mein Vorbild reagiert? Was ist für mich in meiner Situation angemessen?"

Den Autopiloten ausschalten

Der Schlüssel gegen Monotonie und Routine

Übung 36
5 min

Erinnern Sie sich noch an Ihre erste Fahrstunde? Ganz schön kompliziert, zugleich Kupplung, Gas, Schaltung, Verkehrszeichen und den Verkehr zu bewältigen! Und heute? Alles längst Routine! „Nebenbei" unterhalten Sie sich auch noch und hören Musik oder ein Hörbuch. Es ist, als hätten Sie auf Autopilot gestellt. So verhalten Sie sich auch in vielen anderen Lebensbereichen.

Kommen Sie diesen Autopilothandlungen in Ihrem täglichen Leben auf die Spur und versuchen Sie, folgende Fragen zu beantworten:

Welche Augenfarbe hat Ihre jüngste Kollegin?

____

Beschreiben Sie das Lieblingskuscheltier Ihres Kindes.

____

Ohne nachzuschauen: Welche Unterwäsche tragen Sie heute?

____

An wie vielen Ampeln mussten Sie auf dem Weg zur Arbeit heute Morgen anhalten?

____

Welche Kleidung trug Ihr Partner bzw. Ihre Partnerin gestern Abend, als Sie sich nach der Arbeit zu Hause trafen?

Beschreiben Sie die Bar oder Theke Ihres Lieblingsrestaurants.

Lösung

Konnten Sie mehr als drei Fragen beantworten bzw. Aufgaben lösen? Das wäre ein hervorragendes Ergebnis. Denn den Alltag bewältigen wir oft durch automatisierte Handlungen, die wir nicht (mehr) bewusst wahrnehmen, sodass wir uns manchmal nicht einmal mehr daran erinnern, sie erledigt zu haben.

Dahinter steht eine kluge Überlebensstrategie des Gehirns. Das Gehirn verbraucht nämlich bei bewusstem Denken ungefähr 20 Prozent des Zuckers und Sauerstoffs im Organismus und operiert damit sozusagen ständig an der Grenze zur Bewusstlosigkeit. Daher ist es bestrebt, so viele Handlungen wie möglich zu automatisieren, um Energie zu sparen. Auch die Informationsflut unserer Wahrnehmungssinne würde die Kapazität und die Energie des Gehirns überfordern. Daher wird das bewusste Denken nur bei neuen Situationen oder Abweichungen von Bekanntem aktiviert.

Praxistipps

- Was für das Gehirn praktisch und sinnvoll ist, kann jedoch der Lebensqualität abträglich sein, da die Aufmerksamkeit reduziert und der Mensch nicht voll gegenwärtig ist. Schalten Sie den Autopiloten aus, indem Sie Altes wieder bewusst wahrnehmen (= neu wahrnehmen) oder neue Wege einschlagen (z. B. bei der Fahrt zur Arbeit).
- Oder schaffen Sie zusätzliche bewusste Momente, indem Sie das Anschalten der Wahrnehmung mit regelmäßigen Handlungen (z. B. aus der Tür gehen) verknüpfen oder den Stundenalarm Ihrer Armbanduhr aktivieren (sofern vorhanden).
- Solche bewussten Momente können Sie sehr einfach und überall schaffen, indem Sie Ihre Aufmerksamkeit auf Ihre Atmung oder Ihren Herzschlag richten. Sofort ist Ihre Aufmerksamkeit in der Gegenwart. Davon ausgehend können Sie diese neu gewonnene Aufmerksamkeit auf andere Dinge oder Ihre Aufgaben richten. Natürlich lässt sich dies auch mit anderen Handlungen verbinden, z. B. vor dem Abheben des Telefonhörers erst zweimal tief durchatmen – das erhöht die Präsenz, vermindert den Stress und Sie sind bereit für das Telefonat.
- Andererseits ist das Ausschalten des Autopiloten nur eine Seite des Themas. Mit den Übungen zur emotionalen oder metaphorischen Zielformulierung (Übungen 12, 13) wollen wir diese Überlebensfunktion für die eigenen Ziele einsetzen. Die eigenen Ziele so in „das System" zu bringen, dass der Autopilot sie ansteuert, ist eine der effizientesten Zielerreichungsstrategien.

Die Wahrnehmung schärfen

Übung 37

70 x 10 sec

Beugen Sie dem Autopiloten vor, indem Sie Ihre Wahrnehmung schärfen. Aktivieren Sie so oft wie möglich so viele Sinne wie möglich! Der Gedanke hinter der Zeitangabe dieser Übung ist, diese Haltung in den Alltag zu integrieren: mindestens zehn Mal täglich (à 10 Sekunden) über eine Woche hinweg.

- Fragen Sie sich, wenn Sie aus dem Haus treten: Wie riecht es heute draußen? Liegt Tau auf den Sträuchern? Singt ein Vogel? Sind Sterne am Himmel zu sehen? Ist es kalt, mild oder warm?
- Beachten Sie die Menschen um Sie herum. Nutzen Sie Wartezeiten im Straßenverkehr oder an der Kasse im Supermarkt. Reagieren Sie nicht gelangweilt oder gestresst, sondern registrieren Sie wach und aufmerksam die Haltung, den Gang der Leute. Wie würden Sie sich in dieser Haltung fühlen? Welches Gefühl könnten die Stimmen einer Unterhaltung ausdrücken, die Sie mitbekommen, ohne das Gesprochene zu verstehen? Was der Blick des Fahrers im Nachbarauto an der Ampel? Entdecken Sie die individuelle Schönheit jedes Gesichts und blicken Sie nicht nur auf das, was Sie sehen, sondern auch auf das, was sich dahinter verbergen könnte.
- Schmecken und riechen Sie Ihre Mahlzeiten. Legen Sie die Zeitung in der Mittagspause zur Seite und konzentrieren Sie sich ganz auf das Essen.

Lösung

Waren die Tage, an denen Sie diese Übung durchgeführt haben, nicht interessanter? Denken Sie an das, was Sie wahrgenommen haben und was Ihnen sonst entgangen wäre. Hatten Sie nicht auch das Gefühl, wacher zu sein? Näher am Fluss des Lebens oder sogar mittendrin?

Für die Navigation durchs Leben erstellen wir Landkarten, die Orientierung bieten und Entscheidungen vereinfachen. Karten, die Aussagen treffen: wie Sie selbst sind, wie die anderen sind, wie das Leben ist und was man von ihm erwarten kann. Aber: Die Landkarte ist nicht die Landschaft. Dadurch stellt sich die berechtigte Frage, z. B. in schwierigen Situationen: „Habe ich auf die Landkarte reagiert oder auf die Landschaft?"

Praxistipp

Wann haben Sie das letzte Mal einem nahe stehenden Menschen vorgeworfen, dass er oder sie eine bestimmte Sache doch immer mochte, aber gerade jetzt nicht? In diesem Moment haben Sie die Landkarte mit der Landschaft verglichen und festgestellt: „Die Landschaft weigert sich, so zu sein wie meine Landkarte!" Geben Sie den Menschen eine Chance! Wie würden sich Beziehungen oder Partnerschaften verändern, wenn Sie davon ausgehen würden, Sie begegnetem dem anderen jedes Mal als einem neuen Menschen? Einem Menschen, den Sie immer wieder neu kennen lernen wollen, der Ihnen nie vollkommen bekannt ist. Und der Sie immer wieder neu faszinieren und überraschen darf.

Energieschub gefällig?

Übung 38

5 min

Sie stehen vor beruflich wichtigen Entscheidungen oder müssen Ihren ersten Vortrag vor hundert Personen halten? Sie haben ein schwieriges Projekt zu leiten oder eine private Krise durchzustehen? Das heißt, Sie stehen vor einer roten Linie und müssen diese Linie überschreiten, doch Sie wissen nicht wie und haben auch sonst einige (berechtigte) Zweifel!

Vor welcher roten Linie, welchen Herausforderungen stehen Sie gerade? Wofür werden Sie in naher Zukunft mehr Energie, Selbstsicherheit oder Vertrauen brauchen?

Wo könnten Sie die rote Linie überschreiten? Zu welcher außer- oder ungewöhnlichen Aktion wären Sie bereit, um sich die Energie zu holen, die Sie weiterbringt?

Praxistipps

- Energie für große Herausforderungen machen Sie verfügbar, indem Sie durch außergewöhnliche Erfahrungen Grenzen überschreiten. Buchen Sie ein Seminar in einem Hochseilgarten, gehen Sie zum Fallschirmspringen oder wagen Sie einen Feuerlauf. Entscheiden Sie sich bewusst für einen Event, an den Sie sich immer wieder positiv erinnern können. Anschließend transferieren Sie die Energie, die die Grenzüberschreitung freigesetzt hat, auf Ihre Herausforderung.
- Wenn Ihre rote Linie vor allem aus Angst besteht und Sie nicht bereit sind, sich auf etwas so Außergewöhnliches einzulassen, dann machen Sie sich zunächst bewusst, dass Ängste sich nicht durch rationale Argumente beeinflussen lassen. Verstandesmäßige Beschwichtigungen treffen nicht die Ebene Ihrer Befürchtungen. Es ist Ihrer Zielabsicht und Ihrem Energielevel meist förderlicher, wenn Sie Ihren unbewussten Wahrnehmungskanal mit Formulierungen oder Handlungen ansprechen.
- Wenn also eine bestimmte Farbe, ein Duft, eine Körperhaltung oder die Vorstellung einer schönen Landschaft Ihnen in Ihrem Alltag zusätzliche Energie verleiht, setzen Sie diese Dinge gezielt ein. Tragen Sie Kleidung in der entsprechenden Farbe, legen Sie ein Landschaftsfoto neben Ihr Vortragsskript, arbeiten Sie an Ihrer Körperhaltung.

Der innere Dialog als Partner

Übung 39

10 min

Wie sprechen Sie im Alltag mit sich selbst? Wie kommentieren Sie die Erfahrungen, die Sie tagtäglich machen? Notieren Sie einmal einige Ihrer inneren Stimmen:

Wenn etwas misslingt:

____

____

Wenn Sie schusselig waren:

____

____

Wenn Sie sich etwas nicht zutrauen:

____

____

Wenn Sie vor einer großen Herausforderung stehen:

____

____

Wenn Sie etwas getan haben, das Sie nicht (mehr) tun wollten:

____

____

Lösungstipp

Drei innere Stimmen lassen sich meist leicht identifizieren:

- **Der Träumer:** Er geht leicht und locker, voller Optimismus an jede Sache heran, sprüht vor Ideen und kennt keine Grenzen.
- **Der Kritiker:** Er findet immer ein Haar in der Suppe, wertet Träume ab, ermahnt den Realisten und will unterstützen, indem er auf Mängel hinweist.
- **Der Realist:** Er ist der pragmatische Macher, der plant und realisiert. Er kann von einem ungestümen Träumer ebenso wie von einem übereifrigen Kritiker blockiert werden.

Praxistipp

Kennen Sie auch die „Tonbänder", die in solchen Situationen anspringen?

- „Dazu bin ich zu dumm."
- „Das schaffe ich nicht."
- „Ich kann das nicht, ich habe zwei linke Hände."
- „Warum sollte gerade mir das gelingen?"

Selbstmanagement ist ein ständiger, spiralförmiger Prozess. Durch Überprüfen, Verändern und Handeln kommen Sie weiter – aber nicht, indem Sie sich ständig klein machen und abwerten. Bewahren Sie eine geduldige, positive Haltung sich selbst gegenüber. Viel erfolgversprechender ist es zu denken: „Das wird schon klappen!"

Glück

Übung 40
10 min

Hand aufs Herz: Wir machen gern andere dafür verantwortlich, ob wir glücklich sind oder nicht. Aber nur wir selbst können uns glücklich machen: durch unsere innere Einstellung. Listen Sie auf, wobei Sie Glück empfinden.

1 Dabei empfinde ich Glück im Bereich Tun:

____

____

2 Dabei empfinde ich Glück im Bereich Körper:

____

____

3 Dabei empfinde ich Glück im Bereich Sein:

____

____

4 Dabei empfinde ich Glück im Bereich Sinn:

____

____

Lösungstipp

Die Glücksforschung zeigt: Liegt keine materielle Not vor, so ist das Glücksempfinden nicht vom Einkommen oder materiellen Wohlstand abhängig. Vieles, was in Umfragen als „Glücksbringer" bezeichnet wurde, ist kostenlos: Natur, Sexualität, Geselligkeit, persönliches Wachstum, Arbeit. Suchen Sie gezielt die Erfahrungen, die Sie Glück empfinden lassen. Und bei den anderen fragen Sie sich: „Wie müsste dies hier sein, damit es mich glücklich machen könnte?"

Praxistipps

- Glück ist Einstellungssache. Entscheiden Sie sich bewusst dafür, glücklich zu sein. Das kann niemand anders für Sie tun. Erkennen Sie das scheinbar selbstverständliche Glück in Ihrem Alltag, begegnen Sie ihm mit Dankbarkeit – und maximieren Sie die Zeit, die Sie mit den aufgelisteten Dingen verbringen.
- Eine große Gefahr, das Glück nicht zu erkennen, ist die Gewöhnung daran. Um dieser entgegenzuwirken, zeigt Ihnen dieses Buch, wie Sie z. B. den Autopiloten ausschalten (Übung 36) oder sich Standardziele setzen (Übung 14), um zu erkennen, dass das Selbstverständliche genau das nicht ist: selbstverständlich.
- Ihre Chancen auf Glück steigen, wenn Ihr bewertendes Ich etwas in den Hintergrund tritt und Ihr Selbst die Führung übernimmt. Dann leben Sie aus Ihrer ganzen Persönlichkeit heraus. In diesem Sinne sind Ihre Selbstmanagementbestrebungen Ihr Weg zum Glück.

Selbstmanagement Stufe 3: Mission

Ihr Lebensmotto finden

Übung 41
10 min

Ein erkennbares Profil, eine strategische Ausrichtung, eine klare Linie ist in den dynamischen Strukturen des heutigen Arbeitslebens wichtig. Aus diesem Grund sollten Sie sich zur „Marke" machen und mit Ihrem Selbstmanagement eine Stufe höher gehen: Stellen Sie Ihr Leben unter ein Motto und suchen Sie sich eine „Mission".

Haben Sie Vorbehalte, eine solche Überschrift für Ihr Leben zu suchen, weil Sie befürchten, dass Sie sich damit einschränken könnten? Machen Sie sich bewusst, dass das Gegenteil der Fall ist.

1 Die Mission öffnet Ihren Blick auf ein ganzes Feld von Möglichkeiten innerhalb eines bestimmten Bereiches. Die Mission ist gleichzeitig
   - offen, da Sie innerhalb Ihres Bereiches alle paar Jahre etwas anderes tun können.
   - fokussiert, da Sie Informationen, Zielgruppen- oder Arbeitgeberprobleme nur eines Bereiches erfassen und verarbeiten müssen. Die Mission richtet Ihre Aufmerksamkeit aus, ganz ähnlich, wie Leitplanken den Verkehrsfluss kanalisieren

2 Sehen Sie nochmals Ihre Notizen zu Übung 32 durch und beantworten Sie sich die folgenden Fragen:

- Welche Themen, Interessen, Gedanken kehren seit Jahren immer wieder und beschäftigen mich?
- Mit welchen Problemen, gleich welcher Art, habe ich lange gekämpft, bis ich sie lösen konnte? Qualifizieren mich diese Erfahrungen als Experte?

Dies ist meine Mission:

____

____

____

____

____

Lösung

Wenn die Firma Xerox das Motto „The Document Company" wählt, sagt das nichts darüber aus, was das Unternehmen konkret mit Dokumenten tut. Es ist keine Festlegung auf ein Produkt oder eine Tätigkeit – aber eine klare Verpflichtung, Lösungen und Angebote für den (effizienten und effektiven) Umgang mit Dokumenten bereitzustellen. Eine Mission bietet Ihnen einen Fixpunkt, eine Orientierung in einer sich immer schneller verändernden Gesellschaft und Arbeitswelt. Sie ist Ihre Chance, den raschen Wandel mitzugestalten, statt nur auf Veränderungen zu reagieren.

Sinn

In diesem Kapitel erfahren Sie,

- dass Ihre Werte und Persönlichkeit der Kern Ihres Selbstmanagements sind,
- wie Sie Ihr Selbstmanagement abrunden und es gleichsam von einem höheren Standpunkt aus neu ausrichten,
- wie Sie Ihr Selbstmanagement effizient gestalten.

Darum geht es in der Praxis

Die Frage nach dem „Sinn" kann ganz unterschiedliche Zielrichtungen haben.

- **Pragmatisch:** „Ist es sinnvoll, A zu tun, um B zu erreichen?" Das ist die Frage nach der Nützlichkeit einer bestimmten Handlung, um ein erwünschtes Ergebnis zu erzielen.
- **Konstruierend:** „Warum ist Ereignis C eingetreten, und welche Bedeutung hat es im Kontext meines Lebens?" Dahinter steht der Wunsch, Muster und Zusammenhänge in der Fülle der Ereignisse, die jedem täglich widerfahren, zu erkennen.
- **Existenziell:** Aus dieser Perspektive wird nicht nur nach dem Zusammenhang persönlicher Dinge gefragt; die Perspektive wird auf die ganze Welt ausgeweitet, grundsätzliche Antworten werden erwartet.

Sinn im eigenen Leben zu sehen ist für Ihr Selbstmanagement wichtig. Denn nichts wird Ihnen mehr Befriedigung verschaffen, als sich im eigenen Leben wohl und zu Hause zu fühlen. Daher beschäftigt sich das letzte Kapitel des Buches damit, wie Sie

- die eigenen Maßstäbe und Werte finden,
- sich auf das Wesentliche fokussieren,
- Ihr eigenes Credo finden und leben.

Ihr Selbstmanagement abrunden

Was ist sinnvoll für Sie?

Übung 42
20 min

Jeder Mensch hat das Bedürfnis, sich in einen größeren, sinnstiftenden Zusammenhang eingeordnet zu wissen. Überlegen auch Sie, was Sie mit Ihrem Leben erreichen möchten.

Es ist für mich sinnvoll, mich um Folgendes zu kümmern:

____

____

In diesen gesellschaftlichen Bereichen liegen meine Schwerpunkte:

____

____

Hiervon möchte ich ein Teil sein:

____

____

Ich möchte an der folgenden gesellschaftlichen Aufgabe oder Diskussion teilhaben oder mitarbeiten:

____

____

Künftige Generationen werden aus meinem Tun oder meiner Existenz folgende Vorteile ziehen:

____

____

Lösungstipps

Blicken Sie einmal auf Ihre Notizen, Ihre Wünsche und Träume, Ihre Visionen und Talente, Ihre Mission: Das alles wurde Ihnen geschenkt, Sie mussten nichts dafür tun, außer sie zu erkennen, anzunehmen und folgen. Aber auch das ist manchmal schon schwierig genug. Dennoch, feiern Sie es! Nehmen Sie es an und fragen Sie sich:

- Was könnte ich daraus machen?
- Wofür könnte ich mich einsetzen?
- Welches Potenzial habe ich zu verwirklichen?

Lösung

„Die Lebensaufgabe – sind die Aufgaben des Lebens!" Das stand auf einem meiner Seminarflyer. Ich hatte dieses Motto gewählt, um ein Gegengewicht zu schaffen zu der verbreiteten Suche nach der *einen* Berufung, der *einen* Lebensaufgabe. Eine solche Suche hält oft nach dem Spektakulären Ausschau und erzeugt Enttäuschung und Frustration, wenn nicht die eine große Aufgabe gefunden wird. Was soll denn eine Angestellte, die gute Arbeit leistet, auf die Frage nach ihrer Lebensaufgabe antworten: „Rechnungen für den Vertrieb schreiben"? Aber wer genauer hinsieht, kann (s)ein Thema entdecken, das sein Leben sinnvoll macht und ihm jeden Morgen einen Grund gibt, gut gelaunt den Tag zu beginnen.

Vielleicht haben Sie es ja auch schon gefunden? Vielleicht steckt es in Ihrer Mission? Vielleicht ist der roten Faden leichter im Privatbereich als im beruflichen Kontext zu finden. Halten Sie Ausschau danach.

Persönliche Werte

Übung 43
10 min

Die Überlegungen, die Sie in den vorangegangenen Übungen angestellt haben, münden fast automatisch in die noch grundsätzlichere Frage nach Ihren Werten. Mit solchen Werten sind z. B. Ehrlichkeit, Freiheit, Respekt, Toleranz, Freundschaft, Zuverlässigkeit, Disziplin, Glaubwürdigkeit und Selbstlosigkeit gemeint. Stellen Sie sich nun vor, jemand verfasst Ihren Nachruf. Welche Werte sollte er an dem Leben loben, das Sie gelebt haben? Auf der nächsten Seite können Sie Ihre Gedanken notieren. Weichen Sie dieser Frage nicht aus, denn die Antworten, die Sie darauf finden, verleihen Ihrem Selbstmanagement und Ihrer Persönlichkeit zusätzliche Tiefe.

Fragen Sie sich also: Was ist Ihnen wichtig im Zusammenleben mit

- Ihnen selbst?
- Ihrem Partner/Ihrer Partnerin?
- Ihren Kindern?
- Kunden oder Auftraggebern?
- Mitarbeitern und Kollegen?
- Nachbarn?
- Freunden und Bekannten?
- Fremden, denen Sie zufällig am Arbeitsplatz oder in der Freizeit begegnen?

1 Tragen Sie nun maximal zwei Werte für jeden der folgenden Selbstmanagementbereiche ein:

Tun: ______________________________

____

Körper: ______________________________

____

Sein: ______________________________

____

Sinn: ______________________________

____

2 Was tun Sie, um Ihre Werte zu leben? An welchen Handlungen können andere Ihre Werte erkennen?

Tun: ______________________________

____

Körper: ______________________________

____

Sein: ______________________________

____

Sinn: ______________________________

____

Selbstmanagement Stufe 4: Credo

Ihr Credo

Übung 44
15 min

Von persönlichen Werten bis hin zu einem Credo (Glaubensbekenntnis, von lat. *credere* „glauben, anvertrauen") ist es nur ein kleiner Schritt. Jeder hat grundlegende Überzeugungen, doch sind sie ihm oft nicht bewusst und damit als praktischer Baustein im eigenen Selbstmanagement nicht verfügbar. Ohne einen „Überbau", der Sie und Ihr Leben in einen größeren Zusammenhang einordnet, fehlt allerdings eine wichtige Komponente des Selbstmanagements. Wenn Werte Leitlinien des Handels sind, ist ein Credo der Rahmen, in dem sich Handeln und Werte platzieren.

Machen Sie sich Ihre Überzeugungen bewusst, indem Sie folgende Sätze vervollständigen:

- Meine Rolle in der Welt ist ...
- Die Natur ist für mich ...
- Die „großen Gefühle" sind für mich ...

Formulieren Sie Ihr Credo in ein paar Sätzen:

____

____

____

Lösung

Die Beschäftigung mit dem Credo hat verschiedene Vorteile. Sie denken über sich und die Welt nach und machen sich unbewusste Annahmen, übernommene Meinungen und kollektive Überzeugungen klar. So haben Sie die Wahl, sie anzunehmen oder abzulehnen.

Zudem bestätigen Forschungsergebnisse verschiedener wissenschaftlicher Disziplinen den Einfluss innerer Überzeugungen und unbewusster Prozesse auf die Wahrnehmung und die eigene Realität. Ein eigenes Credo macht Sie nicht nur freier und selbstbewusster, es liefert Ihnen auch Maßstäbe für Ihr Handeln und fördert Ihre soziale Kompetenz und Ihre Persönlichkeit.

Praxistipps

- Setzen Sie mit Ihrem aktiv, positiv und konstruktiv formulierten Credo (berücksichtigen Sie die Hinweise zur Zielformulierung in den Übungen 7 bis 13) weitere motivierende Signale.
- Führen Sie Ihr Credo immer mit sich: Schreiben Sie es auf eine kleine Kartei- oder Visitenkarte, speichern Sie es in Ihrem Organizer ab, kleben Sie es als Deckblatt in Ihren Kalender. Lesen Sie es immer mal wieder durch, spüren Sie seine Kraft und Richtigkeit.

Selbstmanagement ausrichten

Die vier Stufen in der Übersicht

Übung 45
10 min

In den Übungen 7, 20, 41 und 44 haben Sie die Selbstmanagementstufen Ziele, Vision, Mission und Credo erklommen. Anhand der folgenden Übersicht können Sie die einzelnen Stufen nochmals nachvollziehen und Revue passieren lassen. Dies erlaubt Ihnen einen Überblick über die Ergebnisse, die Sie bisher erarbeitet haben. Listen Sie die Inhalte hier noch einmal in der Übersicht auf.

1 **Ziele:** Markierungspunkte Ihres täglichen Lebens

____

____

____

____

____

____

____

2 **Vision:** Pol, an dem sich Ihr Lebenskompass ausrichtet

____

____

____

3 **Mission:** Ihr eigenes Lebensmotto

4 **Credo:** Ihre grundlegenden Überzeugungen über sich und die Welt

Integration

Übung 46
5 min

Wir haben gesehen, dass das Selbst immer die Führung hat: Alle Handlungen und Reaktionen sind Lösungsansätze Ihres Selbst für die verschiedensten Problemstellungen – also auch Handlungen, die Sie eigentlich abstellen wollten, z. B.:

- Rauchen, um körperlich-seelische Anspannung zu lösen,
- Streit, um die beängstigende Nähe zum Partner nicht zulassen zu müssen.

Schauen Sie einmal aus diesem Blickwinkel auf Ihre unangenehmen Gewohnheiten, Probleme oder Misserfolge: Wofür könnten sie eine Lösung (gewesen) sein?

1 Nehmen Sie Ihre Aufzeichnungen aus Übung 19 zur Hand. Konzentrieren Sie sich auf jene Ereignisse auf Ihrer Zeitachse, die Sie als negativ bewertet haben.
2 Beantworten Sie sich dazu diese Fragen:
   – Könnte dieses negativ bewertete Ereignis eine Lösung für etwas gewesen sein?
   – Was war der ursprüngliche Nutzen oder Lerneffekt dieses Ereignisses?
   – Welche Gewohnheiten mag ich an mir nicht?
   – Aber welche Probleme lösen sie (scheinbar)?

Welches sind Ihre „Ersatzhandlungen"? Tragen Sie sie sowie ihren eigentlichen Nutzen in folgende Tabelle ein:

„Problem"	Lösung für

Lösung

Die integrierende Sichtweise ist hilfreich, um

- den verborgenen Nutzen von Verhaltensweisen zu erkennen und diese durch besseres Verhalten zu ersetzen.
- keine Persönlichkeitsanteile mehr bekämpfen oder überlisten zu müssen. Aus dieser Perspektive gibt es solche Wesen wie den viel zitierten inneren Schweinehund gar nicht. Das sind Sie selbst bzw. ein Teil von Ihnen, der eine nicht ideale Lösung wählt.
- sich aktiv handelnd entwickeln zu können und möglichst selten in die Opferrolle zu verfallen.

Mein Leben, ein selbstorganisierendes System

Übung 47
10 min

Kennen Sie auch diese Lebens- oder Arbeitsphasen,

- in denen sich Dinge, Ereignisse, Informationen wie von Zauberhand fügen?
- in denen Sie planen, organisieren und kontrollieren, aber nichts läuft so richtig und Sie sind nah daran, aufzugeben oder die „innere Kündigung" auszusprechen?

Suchen Sie in Ihrer Erinnerung nach solchen Momenten oder Zeiten. Was kennzeichnet diese Erfahrungen, was ist das Besondere daran? Wann treten sie auf? Notieren Sie den Unterschied zwischen beiden Situationen:

Wenn sich alles fügt:

____

____

____

____

Wenn nichts klappt:

____

____

____

____

Das ist der Unterschied:

____

____

____

____

Lösung

Stellen Sie sich vor, eine Flüssigkeitsschicht wird in einer Schale erhitzt. Die – ungeordnete – Bewegung der Flüssigkeitsmoleküle nimmt zu. Ein stärkerer Wärmeaustausch zwischen der heißen Schicht unten und den kälteren Molekülen oben muss stattfinden. Ab einem bestimmten Punkt erfolgt der Temperaturausgleich jedoch nicht mehr durch zufällige, sondern durch strukturierte Wärmeströmungen. Die Moleküle haben sich „von sich aus" zu einer alle Moleküle umfassenden Ordnung selbst organisiert.

Übertragen wir diesen Vorgang auf das Selbstmanagement: Sie beschäftigen sich mit Ihrer Vision oder Mission, Ihre Vorstellungen sind Ihnen präsent, Sie investieren Aufmerksamkeit, Zeit und Mühe – was dem Erwärmen der Flüssigkeit entspricht. Bei weiterem Input Ihrerseits müsste es dann einen Moment geben, in dem die Selbstorganisationskräfte wirken und Ihre Persönlichkeit in Richtung Vision/Mission ausrichten, in einer Form, dass das ganze Selbst der Mission gehorcht bzw. folgt.

Folgen dieser Selbstorganisationsprozesse sind:

- Persönliche Präsenz und Energie steigen.
- Weniger Kontrolle und Planung ist erforderlich.
- Alle Persönlichkeitsanteile ziehen an einem Strang.
- Visionen und Ziele werden schneller erreicht.

Praxistipps

- Je mehr Sie sich in Ihrem Selbstmanagement auf die Ebene der Mission und Vision konzentrieren, desto einfacher werden Sie es haben, selbstorganisierende Prozesse anzustoßen bzw. zuzulassen. Mission und Vision sind die Rahmenbedingungen, innerhalb derer selbstorganisierende Systeme Struktur und Funktion finden.
- Die Kunst Ihres Selbstmanagements besteht darin, ein Gleichgewicht zwischen Vorgaben (= Rahmenbedingungen) und Ihrem Selbstorganisationspotenzial zu finden. Entscheiden Sie nun am Ende des Buches (z. B. mit Hilfe der Übersicht aus Übung 45), was Sie tun, um die gefundene Mission oder Vision Realität werden zu lassen.
- Schalten Sie immer mal wieder auf eine systemische Sichtweise um. Suchen Sie den Lerneffekt, einen Gewinn aus der Situation. Begreifen Sie nicht nur das aktuelle Geschehen, sondern Ihre ganze Biografie als die selbstgesteuerte Entfaltung und Entwicklung eines Systems innerhalb übergeordneter Systeme – etwa so, wie Ihr Gehirn ein eigenes System innerhalb Ihres Körpers darstellt.

Literatur

Boëthius, Stefan/Ehdin, Martin/Marchand, René: Die Entdeckung der persönlichen Werte, Steinmaur 2000

Covey, Stephen R.: Die 7 Wege zur Effektivität, Offenbach 2005

Friedrich, Kerstin/Seiwert, Lothar J./Geffroy, Edgar K.: Das neue 1 x 1 der Erfolgsstrategie, 9. Auflage, Offenbach 2006

Häusel, Hans-Georg: Limbic Success, Planegg 2004

Hansch, Dietmar: Erfolgsprinzip Persönlichkeit, Heidelberg 2006

Hendricks, Gay und Kathlyn: Liebe macht stark, München 1992

Markova, Dawna: Die Entdeckung des Möglichen, Freiburg 1993

Markova, Dawna: Die Versöhnung mit dem inneren Feind, Paderborn 1997

Müller, Günter F. (Hrsg.): Selbstverwirklichung im Arbeitsleben, Lengerich 2003

Müller, Horst: Mind Mapping, 3. Auflage, Planegg 2007

Roth, Gerhard: Das verknüpfte Gehirn, Müllheim/Baden 2006 (DVD)

Seiwert, Lothar: Mehr Zeit fürs Glück, München 2002

Spitzer, Manfred: Lernen, München 2007

Storch Maja/Krause Frank: Selbstmanagement – ressourcenorientiert, 2. Auflage, Bern 2003

Storch, Maja/Cantieni, Benita/Hüther, Gerald/Tschacher, Wolfgang: Embodiment, Bern 2006

Stichwortverzeichnis

Bibliografische Information der Deutschen Nationalbibliothek
Die Deutsche Nationalbibliothek verzeichnet diese Publikation in der Deutschen Nationalbibliografie; detaillierte bibliografische Daten sind im Internet über http://dnb.d-nb.de abrufbar.

ISBN 978-3-448-10150-8
Bestell Nr. 00343-0001

© 2011, Haufe-Lexware GmbH & Co. KG, Munzinger Straße 9, 79111 Freiburg

Redaktionsanschrift: Fraunhoferstraße 5, 82152 Planegg/München
Telefon: (089) 895 17-0,
Telefax: (089) 895 17-290
www.haufe.de
online@haufe.de
Lektorat: Dr. Ilonka Kunow, Claudia Nöllke, Barbara Imgrund
Redaktion: Jürgen Fischer
Redaktionsassistenz: Christine Rüber

Alle Rechte, auch die des auszugsweisen Nachdrucks, der fotomechanischen Wiedergabe (einschließlich Mikrokopie) sowie die Auswertung durch Datenbanken, vorbehalten.

Umschlaggestaltung: Kienle gestaltet, 70178 Stuttgart
Umschlagentwurf: Agentur Buttgereit & Heidenreich, 45721 Haltern am See
Desktop-Publishing: Satz & Zeichen, Karin Lochmann, 83071 Stephanskirchen
Druck: freiburger graphische betriebe, 79108 Freiburg

Zur Herstellung dieses Buches wurde alterungsbeständiges Papier verwendet.

Die Autoren

Dr. Klaus Bischof

ist zusammen mit Anita Bischof Geschäftsführer von BISCHOF-management mit Sitz in Deutschland und der Schweiz (www.bischofmanagement.de).
Seine Schwerpunkte sind Training, Coaching und Consulting. Neben anderen Themen spezialisierte er sich auf Führung, Kommunikation und Selbstmanagement.
Unser Beitrag ist es, aktuelle Fragestellungen mit praxistauglichen Methoden und Werkzeugen zu unterstützen.

Anita Bischof

Verfügt über mehrjährige Erfahrung in der Führung von Mitarbeitern und als Unternehmensberaterin. Ihre Schwerpunkte sind Führung, Selbstmanagement, Besprechungen und Moderation von Workshops, Prozesse zu analysieren und zu strukturieren.

Von Dr. Klaus Bischof und Anita Bischof stammt der erste Teil dieses Buches (S. 7 bis 123).

Horst Müller

trainiert und berät mit den Schwerpunkten Selbst- und Zeitmanagement, Kommunikation und Persönlichkeitsentfaltung sowie Mind Mapping und dessen Anwendungen. Er ist Persönlichkeitstrainer (PF), autorisierter Trainer für Mind Mapping (Buzan Centre Poole, GB) und Mitglied der vmt-Trainersocietät. Er hat sich als Fachautor zu den oben genannten Schwerpunktthemen etabliert. Internet: www.hrm-seminare.de

Von Horst Müller stammt der zweite Zeil dieses Buches (S. 127 bis 245).

Weitere Literatur

„Vorträge und Präsentationen" von Peter Flume, 168 Seiten, mit CD-ROM, € 18,80. ISBN 978-3-448-09520-3, Bestell-Nr. 00209

„Die Vorsorgemappe – mit Patientenverfügungen, Vorsorgevollmachten und Testamenten" von Michael Bonefeld, 216 Seiten, mit CD-ROM, € 19,80. ISBN 978-3-448-10088-4, Bestell-Nr. 02012

„Gut sein allein genügt nicht. Wie Sie im Job den Erfolg haben, den Sie verdienen", von Doris Brenner und Frank Brenner, 194 Seiten, € 19,80. ISBN 978-3-448-09069-7, Bestell-Nr. 00244

„Vertrauen. Wie man es aufbaut, wie man es nutzt, wie man es verspielt" von Matthias Nöllke, 224 Seiten, € 19,80. ISBN 978-3-448-09591-3, Bestell-Nr. 00128

Was Rallyefahren und Business gemeinsam haben

Jutta Kleinschmidt hat als erste Frau die Rallye Dakar gewonnen. Sie ist heute erfolgreiche Management-Trainerin. Lesen Sie hier alles über ihre Erlebnisse auf der Dakar und was sie zu Träumen und Visionen, Rückschlägen und Siegeswillen zu sagen hat.

€ 19,80 [D]
ca. 220 Seiten
ISBN 978-3-648-00300-8
Bestell-Nr. E00283

Jetzt bestellen! www.haufe.de/bestellung
oder in Ihrer Buchhandlung

Tel. 0180-50 50 440; 0,14 €/Min. aus dem deutschen Festnetz; max. 0,42 €/Min. mobil. Ein Service von dtms.

HAUFE.

Von den Besten lernen

Egon P.S. Zehnder gilt als weltweit erfolgreichster Personalberater. Thorsten Knobbe veröffentlicht jetzt erstmals dessen Erfolgsprinzipien und zeigt Ihnen, wie Sie die Karrierestrategien und -methoden Zehnders aus heutiger Sicht für sich nutzen können.

€ 24,80 [D]
ca. 224 Seiten
ISBN 978-3-648-00299-5
Bestell-Nr. E04443

Jetzt bestellen! www.haufe.de/bestellung
oder in Ihrer Buchhandlung

Tel. 0180-50 50 440; 0,14 €/Min. aus dem deutschen Festnetz;
max. 0,42 €/Min. mobil. Ein Service von dtms.

HAUFE.

Haufe TaschenGuides

Kompakte Informationen zum kleinen Preis

Der Betrieb in Zahlen

- ABC des Finanz- und Rechnungswesens
- 400 Mini-Jobs
- Balanced Scorecard
- Betriebswirtschaftliche Formeln
- Bilanzen
- BilMoG
- Buchführung
- Businessplan
- BWL Grundwissen
- BWL kompakt
- Controllinginstrumente
- Deckungsbeitragsrechnung
- Einnahmen-Überschussrechnung
- Finanz- und Liquiditätsplanung
- Formelsammlung Betriebswirtschaft
- Formelsammlung Wirtschaftsmathematik
- Die GmbH
- IFRS
- Kaufmännisches Rechnen
- Kennzahlen
- Kontieren und buchen
- Kostenrechnung
- Statistik
- VWL Grundwissen

Mitarbeiter führen

- Besprechungen
- Checkbuch für Führungskräfte
- Führungstechniken
- Die häufigsten Managementfehler
- Management
- Managementbegriffe
- Mitarbeitergespräche
- Moderation
- Motivation
- Projektmanagement
- Qualitätsmanagement
- Spiele für Workshops und Seminare
- Teams führen
- Workshops
- Zielvereinbarungen und Jahresgespräche

Karriere

- Assessment Center
- Existenzgründung
- Gründungszuschuss
- Jobsuche und Bewerbung
- Vorstellungsgespräche

Geld und Specials

- Sichere Altersvorsorge
- Energie sparen im Haushalt
- Energieausweis
- Geldanlage von A–Z
- Immobilien erwerben
- Immobilienfinanzierung
- Meine Ansprüche als Rentner
- Die neue Rechtschreibung
- Eher in Rente
- Web 2.0
- Zitate für Beruf und Karriere
- Zitate für besondere Anlässe

Persönliche Fähigkeiten

- Allgemeinwissen Schnelltest
- Ihre Ausstrahlung
- Burnout
- Business-Knigge
- Mit Druck richtig umgehen